从零开始 InDesign CC 2019 设计基础+商业设计实战

陈博 孙丽娜 编著

人民邮电出版社
北京

图书在版编目（CIP）数据

Indesign CC 2019设计基础+商业设计实战 / 陈博，孙丽娜编著. -- 北京 : 人民邮电出版社，2020.6（2022.6重印）
（从零开始）
ISBN 978-7-115-52455-3

Ⅰ. ①I… Ⅱ. ①陈… ②孙… Ⅲ. ①电子排版－应用软件 Ⅳ. ①TS803.23

中国版本图书馆CIP数据核字(2019)第250870号

内 容 提 要

本书是 Adobe 中国授权培训中心官方推荐教材，针对 InDesign CC 2019 软件初学者，深入浅出地讲解软件的使用技巧，用实战案例进一步引导读者掌握该软件的应用方法。

全书分为设计基础篇和设计实战篇，共 11 章。设计基础篇分为 8 章，主要内容包括基本概念和操作，版面设计，对象，文字处理，图形，主页和页面的设定，颜色系统、工具和面板，表格的使用等。设计实战篇分为 3 章，通过实战案例讲解了 InDesign CC 2019 在宣传折页设计、三折页设计和画册设计等方面的应用。

本书附赠教学视频，以及案例的素材文件和结果文件，以便读者拓展学习。

本书语言通俗易懂，并配以大量案例，特别适合从事平面设计、美工等相关工作的新手阅读。

◆ 编　　著　陈　博　孙丽娜
　责任编辑　俞　彬
　责任印制　马振武
◆ 人民邮电出版社出版发行　　北京市丰台区成寿寺路 11 号
　邮编　100164　　电子邮件　315@ptpress.com.cn
　网址　https://www.ptpress.com.cn
　北京捷迅佳彩印刷有限公司印刷
◆ 开本：787×1092　1/16
　印张：10　　　　2020 年 6 月第 1 版
　字数：217 千字　　　　2022 年 6 月北京第 3 次印刷

定价：49.80 元

读者服务热线：(010)81055410　印装质量热线：(010)81055316
反盗版热线：(010)81055315
广告经营许可证：京东市监广登字 20170147 号

前言

InDesign是一款定位于专业排版领域的软件，为杂志、书籍、广告中的版式设计工作提供了一系列完善的功能。本书主要使用InDesign CC 2019进行讲解和制作，通过对本书的学习，读者不仅能熟练操作InDesign CC 2019，还能掌握大量平面设计技巧。

内容导读

本书以InDesign CC 2019的应用功能来划分章节，循序渐进地归纳整理InDesign CC 2019的设计法则，一步一步帮助读者理解其中的奥秘。

本书分为设计基础篇和设计实战篇，共11章。设计基础篇分为8章，主要内容包括基本概念和操作，版面设计，对象，文字处理，图形，主页和页面的设定，颜色系统、工具和面板，表格的使用等。设计实战篇分为3章，通过实战案例讲解了InDesign CC 2019在宣传折页设计、三折页设计和画册设计等方面的应用。

本书特色

循序渐进，细致讲解

无论读者是否具备相关软件基础，是否了解InDesign CC 2019，都能在本书中找到学习的起点。本书通过入门级的细致的讲解，帮助读者迅速从新手进阶成高手。

实例为主，图文并茂

在讲解的过程中，每个知识点均配有实际操作案例，每个步骤都配有插图，帮助读者更直观、清晰地看到操作的过程和结果。

视频教程，互动教学

本书配套的视频教程内容与书中知识紧密结合并相互补充，可以帮助读者掌握实际的设计和技能，以及处理各种设计问题的方法，达到学以致用的目的。

作者简介

本书由陈博和孙丽娜共同编写。其中，设计基础篇主要由孙丽娜完成，设计实战篇主要由陈博完成。

陈博，ACA认证设计师，担任国内多家上市教育机构的教学教研总监，担任多家大型集团公司的UI、UE和产品经理方向高级企业讲师，有近20年一线职业教育经验，在教学教研方向有着深刻的职业领悟和丰富的经验。

孙丽娜，艺术学硕士，北京邮电大学世纪学院艺术与传媒学院数字媒体艺术专业教师，主要教授课程有网页设计技术、网页交互动画、网络项目设计实践等；参与过多部图书的编写，如《网页设计技术》；目前主要从事数字媒体艺术领域的研究和教学。

资源获取

本书附赠资源包括配套视频教程，以及案例的素材文件和结果文件。扫描下方二维码，关注微信公众号“职场研究社”，并回复“52455”，即可获得资源下载方式。

职场研究社

读者收获

在学习完本书后，读者不仅可以较熟练地掌握InDesign CC 2019的操作，还将对平面设计的技巧有更深入的理解。通过由浅入深的学习，读者能够逐渐掌握软件的基本操作和功能应用，将软件与设计工作融会贯通。

本书在编写过程中难免存在错漏之处，希望广大读者批评指正。如果读者在阅读本书的过程中有任何建议，都可以发送电子邮件至luofen@ptpress.com.cn联系我们。

编者

2020年4月

目录

设计基础篇

第 1 章 基本概念和操作

第 2 章 版面设计

第 3 章 对象

第 4 章 文字的处理

第 5 章 图形

第 6 章 主页和页面的设定

第 7 章 颜色系统、工具和面板

第 8 章 表格的使用

设计实战篇

第 9 章 宣传折页设计

第 10 章 三折页设计

第 11 章 画册设计

设计基础篇

第1章
基本概念和操作

本章主要讲解InDesign CC 2019的基本概念和操作，首先讲解InDesign CC 2019在设计工作中的应用，让用户对InDesign CC 2019的设计知识有一个初步的了解；接下来讲解InDesign CC 2019的界面、文件的基本操作，为用户后续的学习打下良好的基础。

1.1 基本概念

InDesign是Adobe公司开发的功能强大的专业排版软件。InDesign被广泛应用于产品画册、企业年鉴、专业书籍、广告单页、折页、DM页等的设计，是图像设计师、产品包装师和印前专家日常必用的软件之一。InDesign CC 2019在以往的版本上进行了升级，使功能更加完整、易用。图1-1所示为使用InDesign CC 2019排版设计的作品。

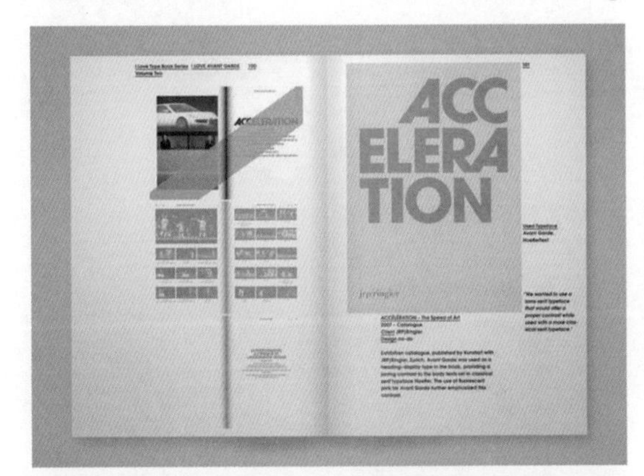

图1-1

相比Photoshop和Illustrator，InDesign在排版方面有着非常独特的功能，例如能够通过主页快捷地为几百甚至几千个页面添加页码，能够快速地导入几百页的Word文档并自动生成页面，还包括控制起来非常方便的段落样式和文字样式等功能。

1.2 InDesign CC 2019的基本操作

InDesign CC 2019包含多种全新的选择和变换功能，可以简化对象的处理。下面将对InDesign CC 2019的基本操作进行简单的讲解，更多的操作细节会被分解到具体的章节以及案例中进行讲解。

1.2.1 内容手形抓取工具

导入一张位图图片后，使用选择工具将指针悬停在图片上，图文框中间出现透明圆环，表示此内容可被抓取。指针在圆环内移动时，变为手形，称为内容手形抓取工具。按住鼠标左键挪动内容手形抓取工具，改变的是图文框中图片的位置，而不是图文框本身的位置，如图1-2所示。

图1-2

1.2.2 选择内容或框架

在InDesign CC 2019中，使用选择工具双击图形框架时会选中框架中的内容，如果内容处于选中状态，则双击内容会选中该内容的框架。当内容处于选中状态时，也可以单击其框架边缘来选中框架，如图1-3所示。

图1-3

1.2.3 框架边缘突出显示

使用选择工具将指针悬停在页面的项目上时，InDesign CC 2019可以临时绘制出蓝色的框架边缘，如图1-4所示。在选中项目前，移动指针，可以通过蓝色框架边缘确定项目位置。

图1-4

编组的多个对象以虚线方式进行显示，如图1-5所示。在预览模式下，或者在执行“隐藏框架边缘”命令的情况下，该功能尤为有用。

图1-5

1.2.4 路径和点突出

使用直接选择工具，将指针悬停在某个页面项目上时，InDesign CC 2019会显示该项目的路径和路径点，如图1-6所示。

此功能更易于查看要处理的路径点。不必使用直接选择工具选中该对象，再选择路径点，只需拖曳点即可进行查看。

图1-6

1.2.5 旋转项目

在InDesign CC 2019中，无须切换到旋转工具就可以旋转选定的页面项目。利用选择工具，将指针放在角手柄外，然后拖曳角手柄即可旋转项目，如图1-7所示。停止拖曳后，选择工具仍然会保持可用状态。

图1-7

1.2.6 变换多个选定的项目

利用选择工具，不必再将多个项目编组即可同时调整多个项目的大小，对其进行缩放或旋转。

选中要变换的多个项目，在选定项目的周围看到一个变换定界框，如图1-8所示。拖曳手柄即可调整选定元素的大小。按下【Shift】键的同时进行拖曳，可以按比例调整选定元素的大小；按下【Ctrl】键的同时进行拖曳，可以对框架和内容元素一同进行缩放；按下【Ctrl】+【Shift】组合键的同时进行拖曳，可以按比例对选定元素进行缩放；按下【Alt】+【Ctrl】+【Shift】组合键的同时进行拖曳，将按比例对选定元素围绕中心进行缩放。

图1-8

1.3 工作区介绍

工作区域的配置简称为工作区，用户可以从InDesign CC 2019提供的专业工作区（如基本功能、数字出版、印刷与校样和排版规则等）中选择，也可储存自己的工作区。本书以基本功能工作区为基础进行讲解。

1.3.1 工作区基础知识

在InDesign CC 2019中，可以使用各种元素（如面板、栏、窗口等）来创建以及处理文档和文件。这些元素可以任意排列构成工作区。

启动InDesign CC 2019，你会发现它的界面与Adobe公司其他几款产品的界面布局大同小异，基本上都分为菜单栏、控制面板、工具箱、浮动面板、文档窗口等功能区域，如图1-9所示。

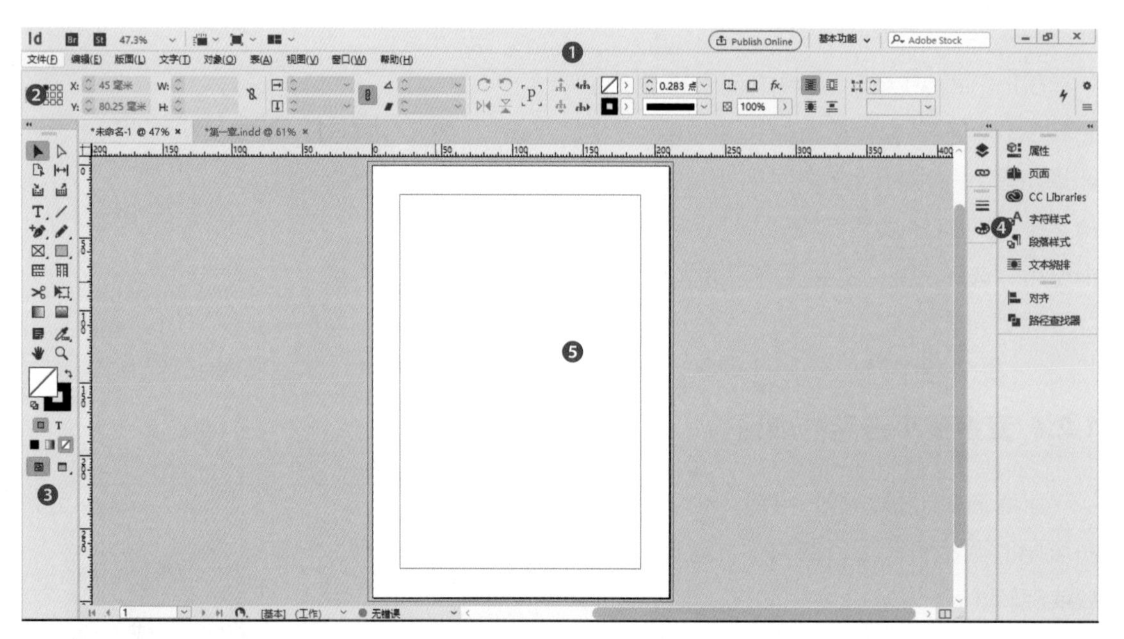

图1-9

下面讲解工作区的各个功能区域。

❶ 菜单栏。大部分的基本操作都能在菜单栏内找到。

❷ 控制面板。对应不同操作状态的即时命令面板。使用移动工具时，控制面板出现的是关于对象的坐标和尺寸的设置等信息，如图1-10所示；使用文字工具的时候，控制面板出现的是关于字体和段落的设置等信息，如图1-11所示。

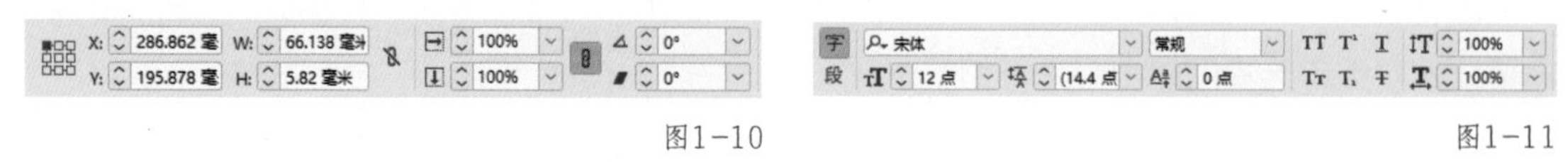

图1-10　　图1-11

❸ 工具箱。包括一些常用的重要工具，InDesign CC 2019的工具箱里面的工具没有Illustrator那么多，因为它的主要功能不是绘图，操作的方式更多体现在工具与面板的配合使用。

提示　工具箱中的工具图标右下方如果有一小三角形，表示里面有隐藏的工具。在工具图标上单击鼠标右键，可弹出隐藏的工具。

❹ 浮动面板。包括页面、链接、描边、颜色、色板、图层等重要功能。浮动面板在InDesign CC 2019中使用频率很高，掌握它们的使用方法很重要。

提示　在不选中任何项目的情况下，同时按【Shift】+【Tab】键可以快速地隐藏所有浮动面板，再按一次则出现；按【Tab】键将浮动面板和工具箱一起隐藏。这一点和Photoshop、Illustrator一样，因为它们都是Adobe公司开发的软件，所以有很多相似甚至相同的操作方法，用户可以大胆尝试。

❺ 文档窗口。排版的工作窗口，打印和输出文件时有效的打印范围。

1.3.2 视图的控制

有关文件视图的基本操作命令大部分位于“视图”菜单下，很多时候可以通过相关的快捷键来进行操作。下面将具体地讲解有关视图控制的操作。

1. 放大和缩小视图

和Photoshop内的控制视图一样，选择工具箱中的放大镜工具，可以起到放大或缩小页面的作用。光标在画面内显示为带加号的放大镜，使用这个放大镜单击，可实现页面的放大；按住【Alt】键使用缩放工具时，光标在画面内显示为带减号的缩小镜，单击可实现页面的缩小。使用放大镜工具在页面内圈出部分区域，可实现放大或缩小指定区域。打开“视图”菜单，可以看到相关命令的快捷键提示，如图1-12所示。

放大(I)	Ctrl+=
缩小(O)	Ctrl+-
使页面适合窗口(W)	Ctrl+0
使跨页适合窗口(S)	Ctrl+Alt+0
实际尺寸(A)	Ctrl+1
完整粘贴板(P)	Ctrl+Alt+Shift+0

图1-12

2. 使用高倍缩放

使用高倍缩放可以在文档页面之间快速滚动，使用手形工具可以缩放整个文档及在其中滚动。此功能非常适用于长文档。

（1）单击工具箱中的手形工具。

（2）按住鼠标左键，文档将缩小，可以看到更多部分的跨页。红框表示视图区域，如图1-13所示。

（3）在按住鼠标左键的情况下，拖曳红框，可以在文档页面之间滚动。此时按键盘的箭头键可以更改红框的大小。

（4）释放鼠标左键，可以放大文档的新区域。文档窗口将恢复为其原始缩放百分比或恢复为红框的大小。

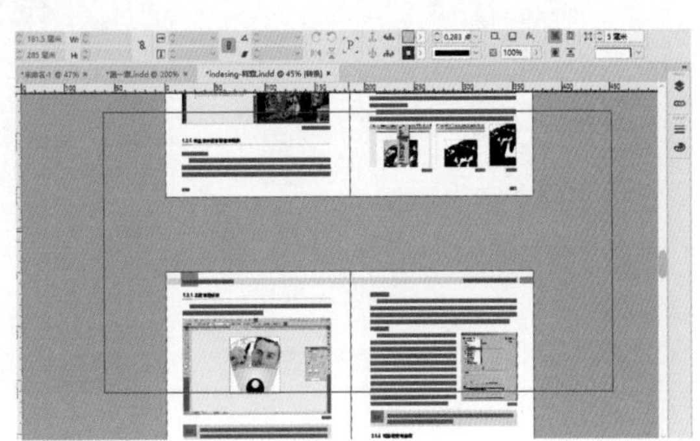

图1-13

3. 缩放至实际大小

通过以下3种方法可以实现100%的视图比例。

（1）双击缩放工具。

（2）执行“视图→实际尺寸”命令。

（3）在应用程序栏的“缩放级别”框中键入或选择缩放比例100%。

4. 滚动视图

滚动视图可以轻松调整页面或对象在文档窗口中的居中程度。滚动视图的4种方法如下。

（1）使用抓手工具来拖曳页面，以显示页面的不同部位。在大多数使用其他工具的情况下，按住空格键可短暂激活手形工具。

（2）单击水平或垂直滚动条，或者拖曳滚动框。

（3）按【Page Up】或【Page Down】键。

（4）使用鼠标滚轮或传感器可实现上下滚动页面，使用鼠标滚轮或传感器的同时，按住【Ctrl】键可实现左右查看页面。

5. 翻页

在 InDesign CC 2019 中，可以轻松地从文档中的一页跳转到另一页。实现翻页的3种方法如下。

（1）单击工作区下方的翻页按钮实现翻页，如图1-14所示。

（2）单击页面框右侧的向下箭头，在下拉框中选中某个页面，可跳转到指定页面，如图1-15所示。

（3）打开“页面”面板，双击要跳转的页面缩览图，即可跳转到指定页面，如图1-16所示。

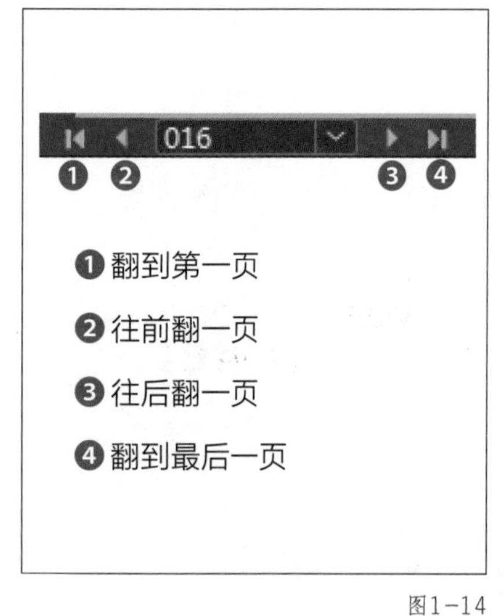

图1-14

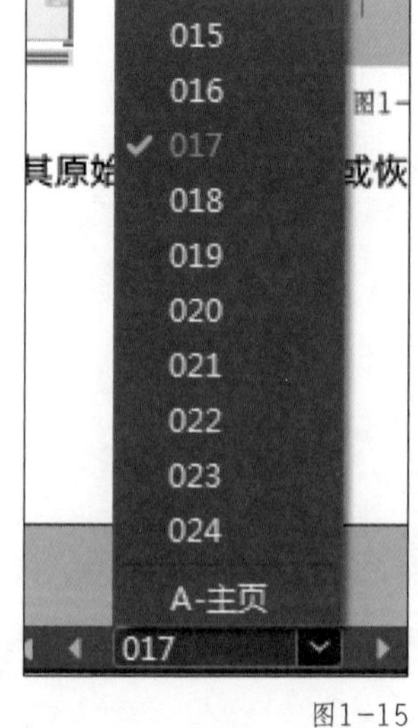

图1-15

图1-16

1.3.3 工具箱

1. 工具箱概述

工具箱中的工具可以用于选择、编辑和创建页面元素，以及选择文字、形状、线条和渐变等。

用户可以改变工具箱的形式，以适合窗口和面板。默认情况下，工具箱显示为垂直的一列工具，可以将其设置为垂直两列或水平一行。更改工具箱的形式，可以通过拖曳工具箱的顶端来实现。

工具图标右下角的箭头表明此工具下有隐藏工具，在其位置上单击鼠标右键，可调用隐藏工具。当指针悬停在工具图标上时，将出现工具名称及其键盘快捷键。

2. 工具概述

选择和直接选择工具

在InDesign CC 2019中，选择并移动某个对象，可使用选择工具；改变路径的形状，可使用直接选择工具。使用这两个工具可以比较简单地挪动文字、图形等，但图文框的挪动与文字、图形等的挪动不同。

当导入一张位图照片后，实际上在InDesign CC 2019中已自动为当前导入的图片创建了一个框架，这个框架是一个路径对象，而这个整体的对象被称为“图文框”。

图1-17所示为图文框的结构示意。

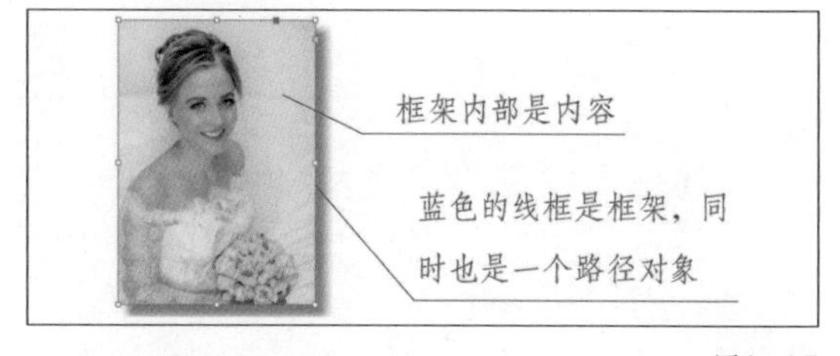

图1-17

当选中一个导入的位图对象后，“属性”面板中，会出现图片和框架之间关系的功能按钮，如图1-18所示。有关它们的详细用法会在后面的章节中结合实际案例进行讲解。

图1-18

改变图文框的形状。使用直接选择工具，单击框架上的锚点，然后移动或者使用转换点工具改变其形状即可。

页面工具

InDesign CC 2019中的页面工具支持在一个文件中创建不同尺寸的页面。首先创建一个包含多个页面的文件，然后使用页面工具在页面中单击需要修改尺寸的页面，如图1-19所示。按住【Shift】键单击可以选中多个页面。

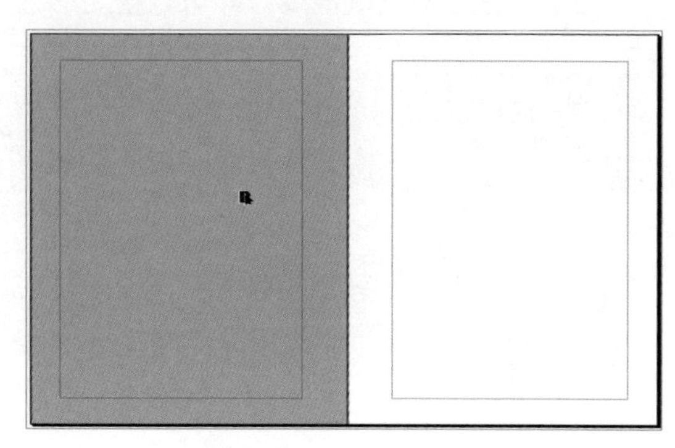

图1-19

此时观察控制面板，在其中可以修改当前页面的尺寸和方向等参数，如图1-20所示。修改其高度为210毫米（W为宽度，H为高度），按【Enter】键确定之后，发现当前的页面变为宽和高均为210毫米的正方形，如图1-21所示。

图1-20

使用页面工具可以挪动页面的位置，如图1-22所示。

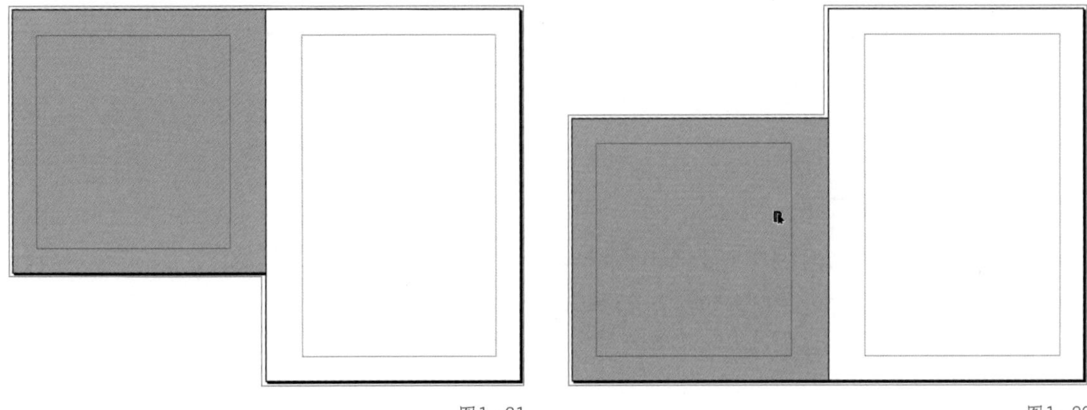

图1-21 图1-22

提示 用户可以在一个文档中为多个页面定义不同的页面大小。在一个文件中实现多种尺寸的设计时，页面工具尤为重要。例如，在同一文档中，设计包含名片、明信片、信头和信封等不同尺寸的项目。

间隙工具

间隙工具可用于调整两个或多个项目之间间隙的大小。间隙工具通过直接控制空白区域，可以一步到位地调整布局。通过如下的操作来体会间隙工具的用法。

（1）创建两个矩形。

（2）使用间隙工具放置到矩形中间的空白位置。

（3）按住鼠标左键拖曳，即可调整矩形之间的间距，如图1-23所示。

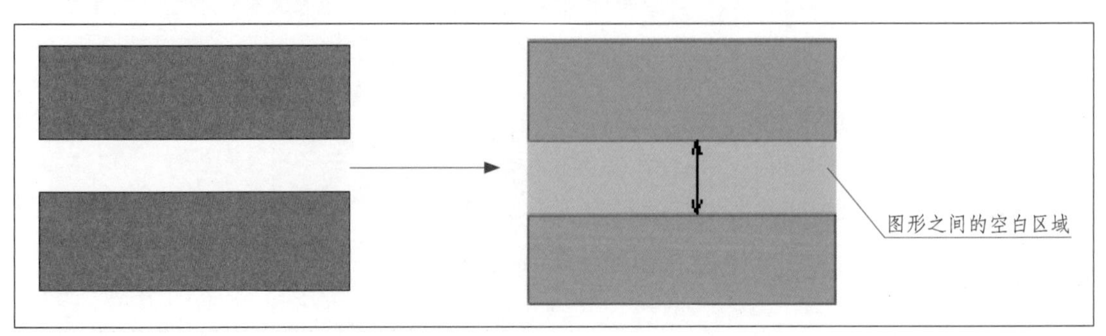

图1-23

文字系列工具

InDesign CC 2019的文字工具一共有4个，如图1-24所示。它们的作用分别是横排文字工具、竖排文字工具、横排沿路径排文工具和竖排沿路径排文工具。

输入文本前，必须先使用文字工具拖曳一个范围，生成一个文本框，然后才能输入文本，如图1-25所示。

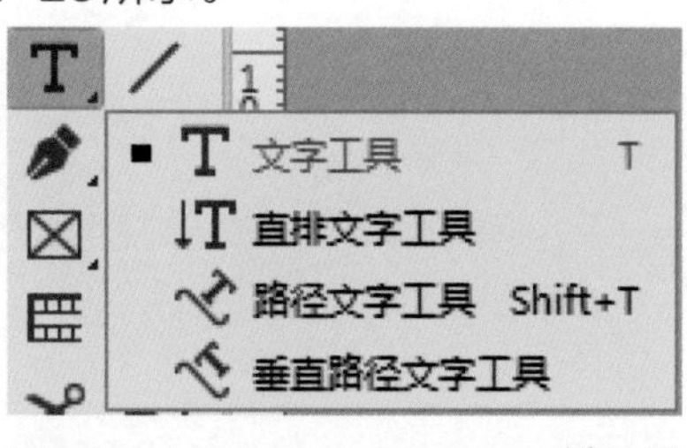

图1-24

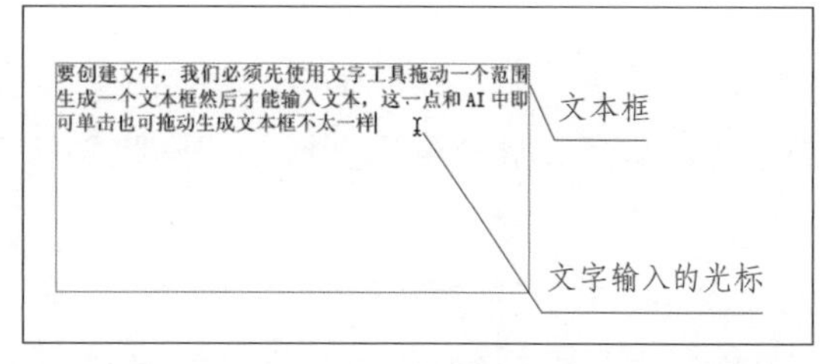

图1-25

提示　需要注意的是，在文字很多的情况下，不主张所有的文字都在InDesign CC 2019中输入，而是采用Word或者记事本事先编辑好，再将文本导入，文字少的时候直接在InDesign CC 2019中输入即可。

直排文字工具可使输入的文本文字实现竖向排列的效果。选中文本框，执行“文字→排版方向→水平/垂直”命令，即可改变文本框以及文本框内文字排列的方向，如图1-26所示。

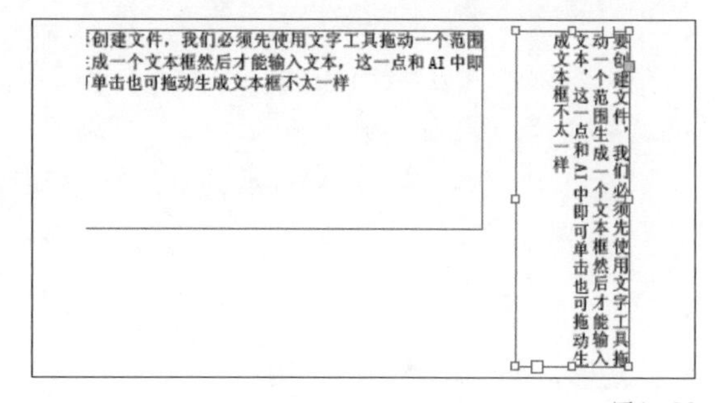

图1-26

当已经有一个路径对象时，可使用横排沿路径排文工具或竖向沿路径排文工具，贴紧路径创建沿路径排文的效果，如图1-27所示。如果不想保留原有的路径颜色，可使用直接选择工具，单击选中它，然后在工具箱中设置其线框色为“无”即可，如图1-28所示。

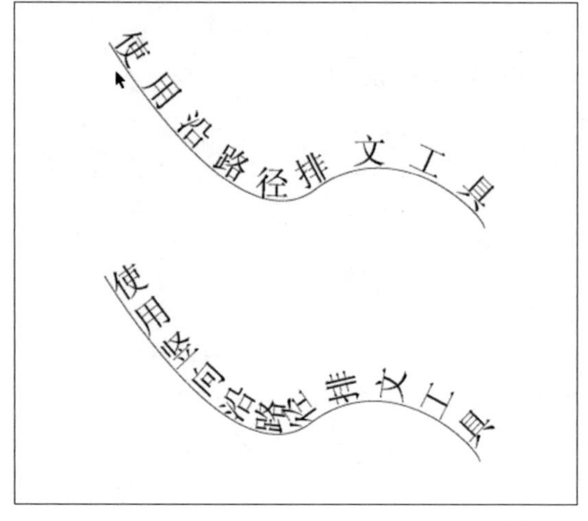

图1-27

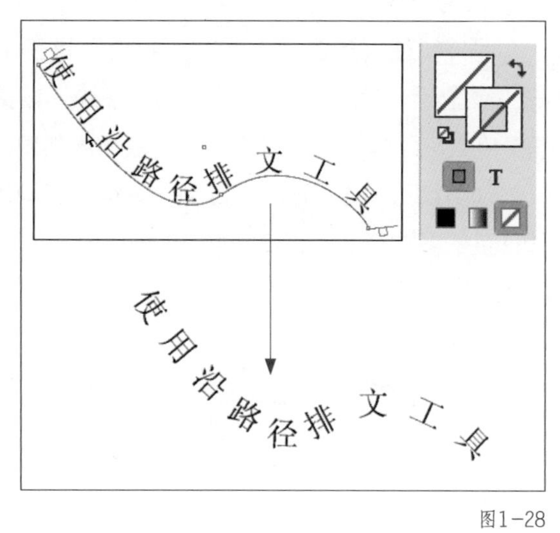

图1-28

钢笔系列工具

钢笔系列工具一共有4个工具，如图1-29所示。它们的用法和Photoshop中的钢笔工具基本一样，在使用钢笔工具时，随时按下【Ctrl】键，可以临时切换到直接选择工具，对路径进行调整。

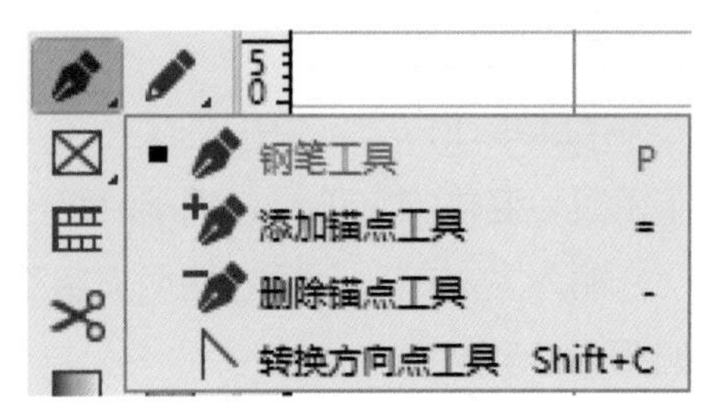

图1-29

在绘制路径时，往往不能一步到位，需要经常调节锚点的数量，此时要用到增加、删除和转换锚点的工具。

添加锚点前后的对比效果如图1-30所示。

删除锚点前后的对比效果如图1-31所示。

锚点转换前后的对比效果如图1-32所示。

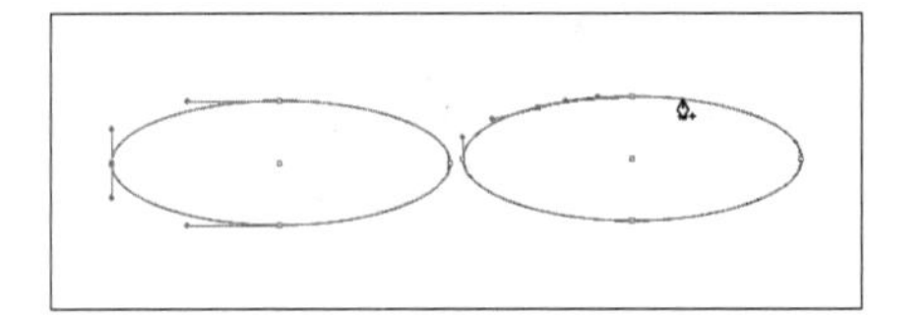

图1-30

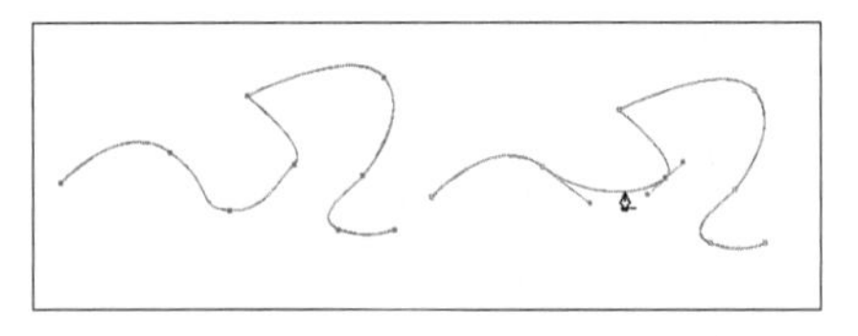

图1-31

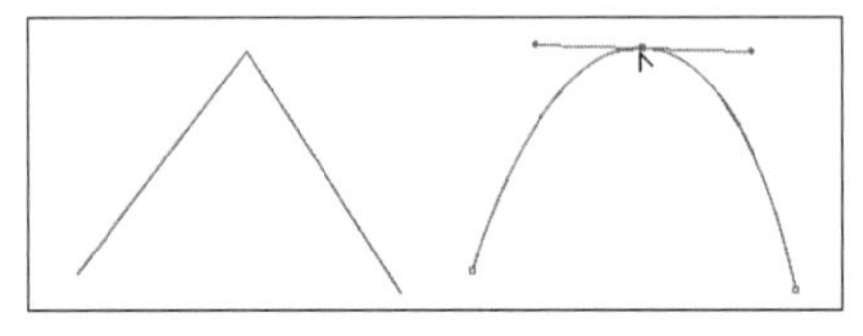

图1-32

> **提示** 默认情况下，使用钢笔工具绘制路径时，把钢笔放到路径上无锚点的位置，钢笔工具自动变成添加锚点工具；把钢笔放到有锚点的位置，钢笔工具自动删除锚点工具；在某个锚点上按下【Alt】键，钢笔工具切换到转换点工具。在转换点工具状态下，单击曲线锚点，可将其转换为直线锚点；拖曳直线锚点，可将其转换为曲线锚点。

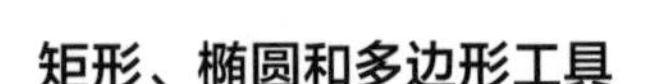

矩形、椭圆和多边形工具

该系列工具属于最基本的形状工具，也是非常重要的工具。当使用它们创建相应的形状时，可在控制面板中设置其精确的宽度和高度，以及线的样式等参数，如图1-33所示。

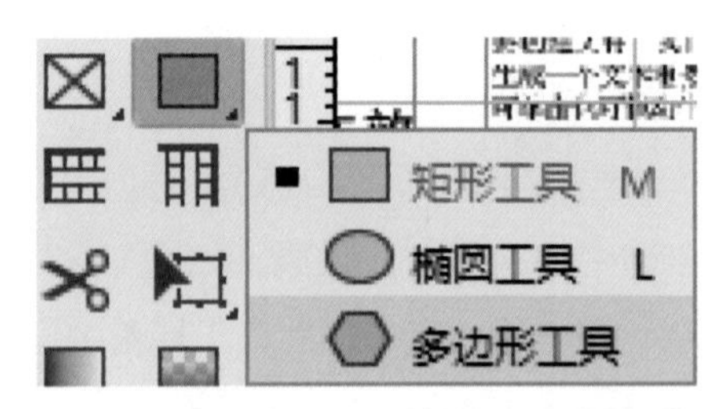

图1-33

另外，使用多边形工具时，双击工具箱中的多边形工具图标，弹出图1-34所示的“多边形设置”对话框，在此对话框中可改变多边形边数和内陷值。设置不同的边数和不同的星形内陷数值，可得到不同角数、不同凹度的多边形形状，如图1-35所示。

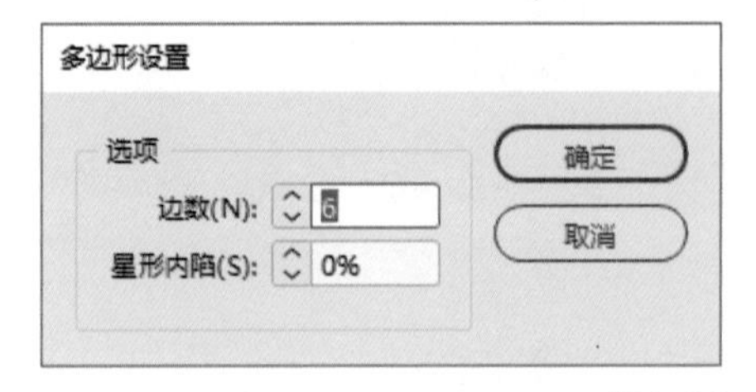

图1-34

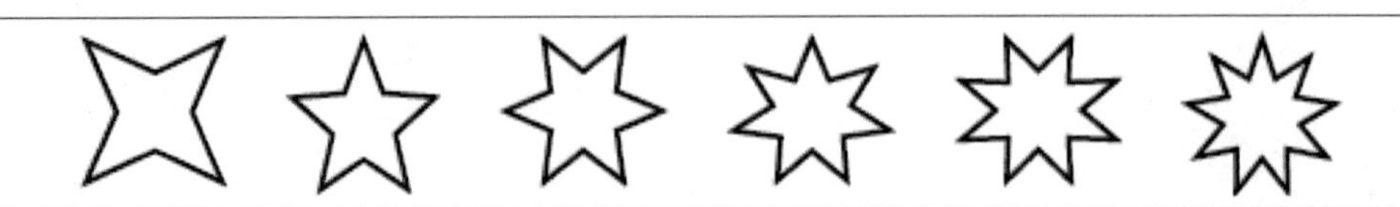

图1-35

变换系列工具

该工具系列包括自由变换、旋转、缩放和切变工具，如图1-36所示。

它们的用法和Illustrator中的使用方法大同小异。需要注意的是，针对在InDesign CC 2019中绘制的基本图形可以使用这些工具，但如果是导入进来的位图图片，不要对其进行旋转、切变的操作，防止出现错误。

一般情况下，把针对位图图片的工作在Photoshop中完成，然后再导入到InDesign CC 2019中。

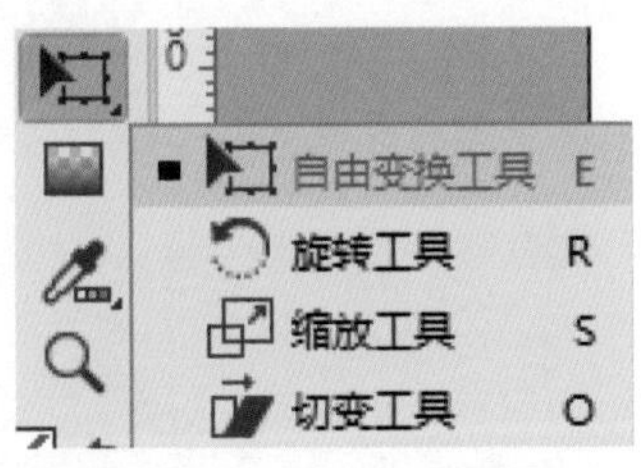

自由变换工具 E
旋转工具 R
缩放工具 S
切变工具 O
图1-36

颜色主题工具 Shift+I
吸管工具 I
度量工具 K
图1-37

吸管工具

在InDesign CC 2019中，吸管工具在颜色主题工具系列中，除颜色主题系列工具、吸管工具，还包括度量工具，如图1-37所示。

吸管工具在InDesign CC 2019中非常好用，不仅可以吸取目标对象的颜色等信息，还可以吸取文字的段落样式属性，这是它特有的针对排版的一项功能。

图1-38所示为使用文字工具选中一段需要改变属性的文字，然后使用吸管工具，单击已经设定好属性的文字，将文字的属性（字体、字号等）吸取并应用到所选中的文字，如图1-39所示。

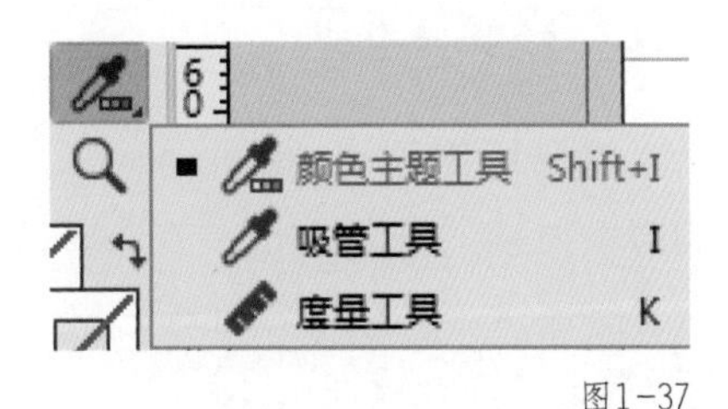

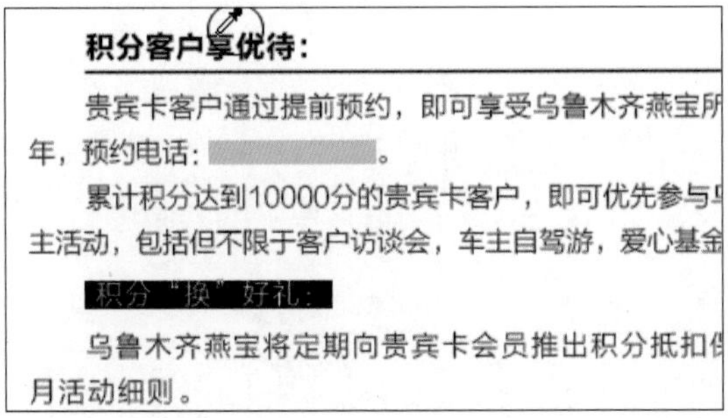
积分客户享优待：
贵宾卡客户通过提前预约，即可享受乌鲁木齐燕宝所
年，预约电话：
累计积分达到10000分的贵宾卡客户，即可优先参与
主活动，包括但不限于客户访谈会，车主自驾游，爱心基金
积分“换”好礼：
乌鲁木齐燕宝将定期向贵宾卡会员推出积分抵扣
月活动细则。
图1-38

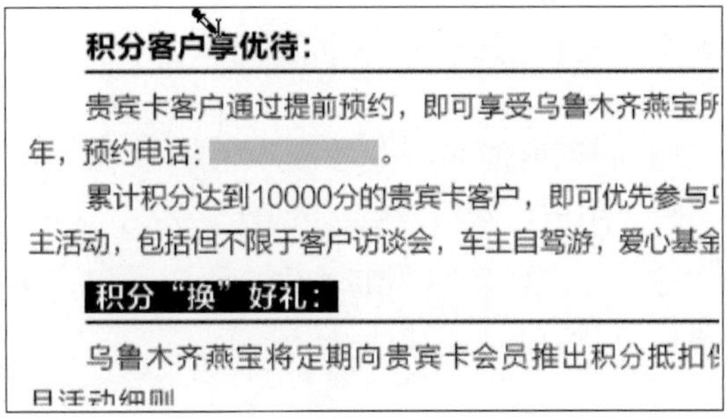
积分客户享优待：
贵宾卡客户通过提前预约，即可享受乌鲁木齐燕宝所
年，预约电话：
累计积分达到10000分的贵宾卡客户，即可优先参与
主活动，包括但不限于客户访谈会，车主自驾游，爱心基金
积分“换”好礼：
乌鲁木齐燕宝将定期向贵宾卡会员推出积分抵扣
图1-39

1.3.4 关于视图模式

使用工具箱底部的“模式”按钮或执行“视图→屏幕模式”命令，可更改文档窗口的可视性。工具箱单栏显示时，用鼠标右键单击当前模式按钮，从显示的菜单中选择不同的模式，改变当前视图模式，下面介绍几种常用模式。

（1）正常模式。在标准窗口中显示所有可见网格、参考线、非打印对象、空白粘贴板等内容。

（2）预览模式■。完全按照最终输出显示图稿，所有非打印元素（网格、参考线、非打印对象等）都被隐藏。

（3）出血模式■。完全按照最终输出显示图稿，所有非打印元素（网格、参考线、非打印对象等）都被隐藏，而文档出血区内的所有可打印元素都会显示出来。

（4）演示文稿模式■。全屏显示图稿，所有非打印元素（网格、参考线、非打印对象等）都被隐藏。此模式下，只可浏览图稿，不可对文稿进行修改。

1.3.5 更改界面首选项

首选项设置指定了InDesign CC 2019文档和对象最初的行为方式。首选项包括面板位置、度量选项、图形及排版规则的显示选项等设置。

按【Ctrl】+【K】快捷键，打开“首选项”面板，在其中可以修改软件的默认设置参数，如图1-40所示。文档默认的标尺单位、字体的预览大小等，有关它们的详细用法在随后的章节中会结合案例进行讲解。另外，不需要对每一个选项卡中的所有命令都一一掌握，大多数参数是不需要修改的。

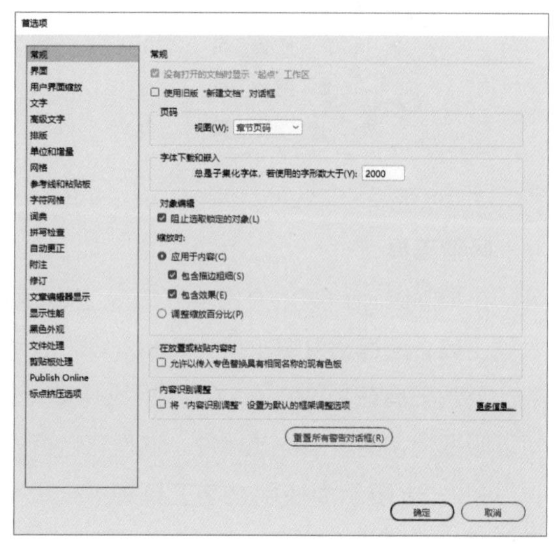

图1-40

1.3.6 自定义键盘快捷键

InDesign CC 2019为大多数常用的工具和命令建立了默认的快捷键。对于经常使用的工具，用户可以根据自己的操作习惯，增加或更改快捷键。例如，编辑菜单下的“原位粘贴”命令，就是比较常用的命令，可以通过以下操作为它定义一个快捷键。

（1）执行“编辑→键盘快捷键”命令，打开“键盘快捷键”面板，在其中的“产品区域”下拉菜单中，选择编辑菜单，在“命令”下的选项栏中，选择“原位粘贴”，然后在左下方“新建快捷键”的地方直接按下想设定的快捷键，如“【Shift】+【Ctrl】+【W】”，如图1-41所示。

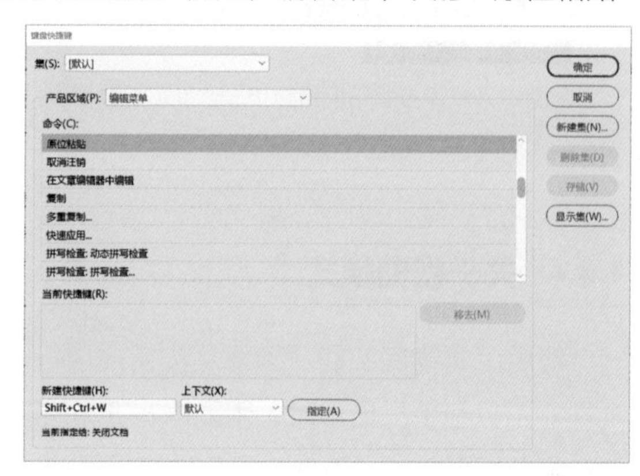

图1-41

（2）单击“确认”按钮，弹出图1-42所示的对话框，单击“是”按钮。

（3）弹出“新建集”对话框，意为创建一个新的快捷键集合文件，单击“确定”按钮即可，如图1-43所示。

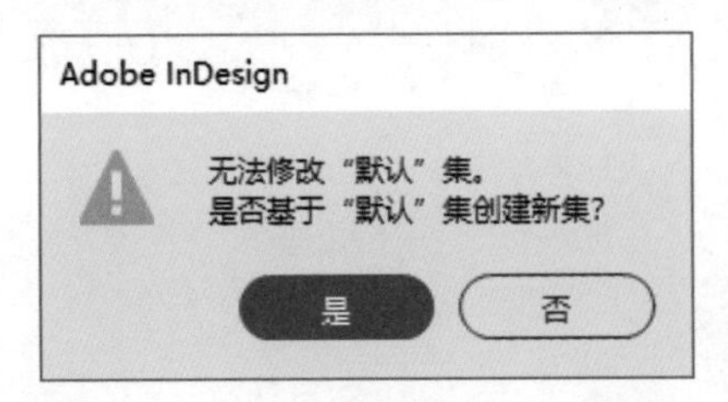

图1-42

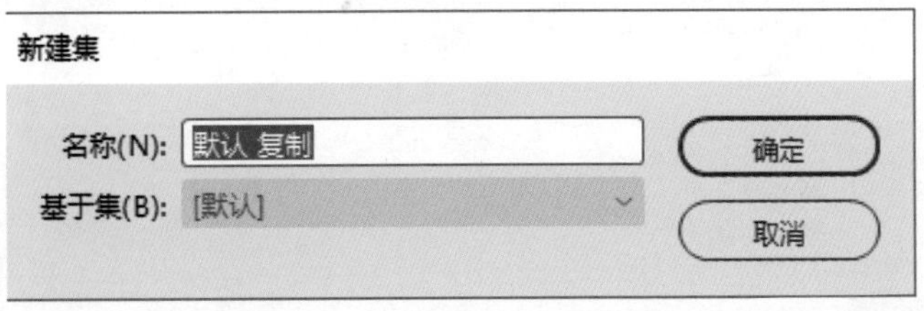

图1-43

提示

本章出现的快捷键如下。

【Tab】：隐藏工具箱和浮动面板

【Shift】+【Tab】：隐藏浮动面板

空格键+【Ctrl】+鼠标左键单击：放大视图比例

空格键+【Ctrl】+【Alt】+鼠标左键单击：缩小视图比例

空格键：手形工具

【Ctrl】+【+】：放大视图比例

【Ctrl】+【-】：缩小视图比例

【Ctrl】+【0】：全部适合窗口大小

【Ctrl】+【1】：实际大小

双击手形工具：满画布显示

双击放大镜工具：实际尺寸显示

【Ctrl】+【N】：新建文件

【Ctrl】+【O】：打开文件

【Ctrl】+【S】：保存文件

第2章
版面设计

本章主要讲解排版中的基本规范和术语，如版心、出血、对页等。了解这些规范和术语，可以更加方便地学习具体的排版操作技术。

另外，本章还会讲解在排版过程中经常会用到的辅助工具，如标尺、参考线、智能参考线等。

2.1 文件基本操作

1. 新建文件

执行“文件→新建→文档”命令，弹出“新建文档”面板。“新建文档”面板可以对文件的页数、尺寸、页面方向等进行设置，如图2-1所示。

图2-1

页数

InDesign CC 2019支持创建最高达9999页的排版文件。这也是它强大排版功能的一个体现。

> **提示** 在实际的工作中，最好不要创建特别多页面的文件，否则计算机容易死机。根据实际情况设定页数即可，如果页数过多，可考虑根据内容适当分成两个或多个文件进行排版，最终检查无误后合并在一起。

对页

选择“对页”选项，可以使双页面跨页中的左右页面彼此相对，如书籍和杂志。取消选择“对页”选项，可以使每个页面彼此独立。例如，创建一个10页的文件，选择“对页”选项主页面板显示情况如图2-2所示；未选择“对页”选项主页面板显示情况如图2-3所示。

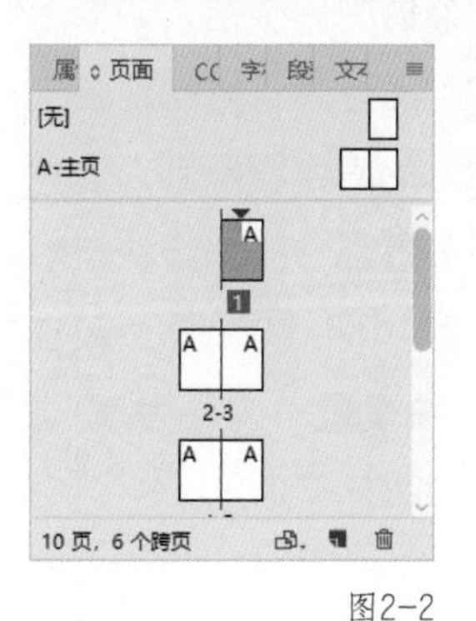

图2-2

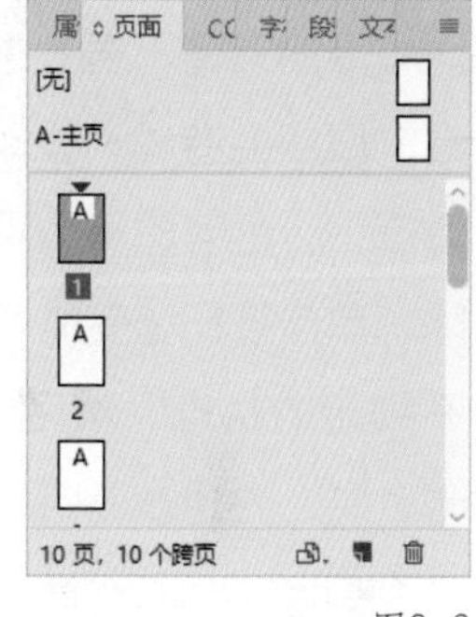

图2-3

> **提示** 通常情况下，设计画册或者书籍时，需要勾选“对页”选项；设计单页、海报时，不需要勾选“对页”选项。

出血和辅助信息区

单击“新建文档”面板右方的“出血和辅助信息区”按钮后，“新建文档”面板出现了出血的尺寸设置，如图2-4所示。默认出血的尺寸为3毫米，通常情况采用默认出血尺寸即可。

图2-4

边距和分栏

“新建文档”面板上没有“确认”按钮，是因为还未完成页面设置的所有内容。单击“边距和分栏...”按钮，弹出“新建边距和分栏”面板，在此面板中可以设置边距数值和分栏栏数，如图2-5所示。设置好边距和分栏后单击“确定”按钮即可完成文档的创建。

> **提示** 边距设定的是图书或画册的“版心”距离页面边界的尺寸，此时创建出来的页面在四周出现蓝色和紫色的线，如图2-6所示。这些线是非打印的辅助线，只是表示版心所在的范围。

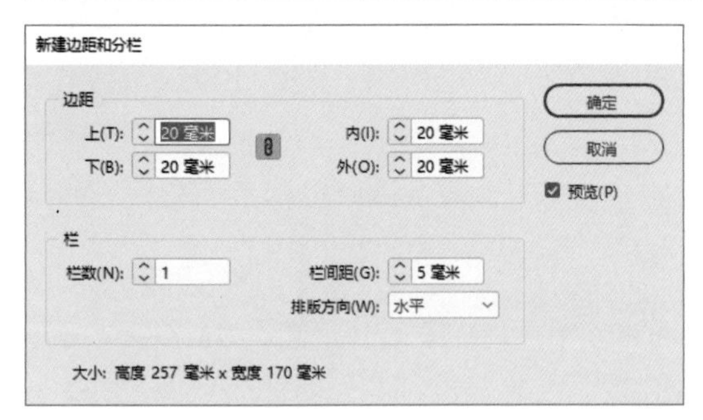

图2-5

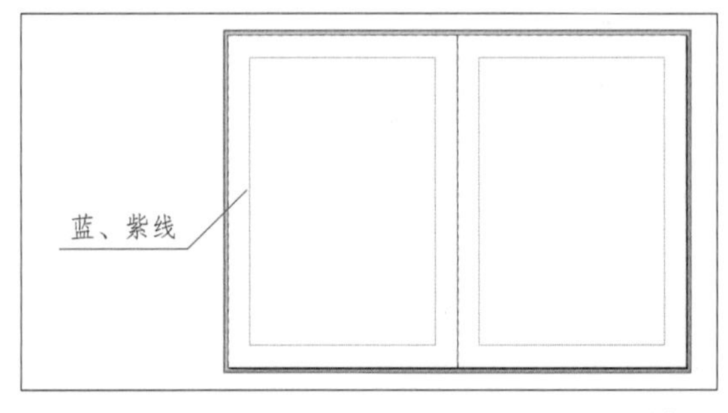

图2-6

版心的尺寸根据实际情况来设定，如果是比较厚的书籍，要考虑到靠近装订方向，由于纸的厚度会造成一些地方的内容看不到，这种情况下，可考虑将边距设置部分的锁定状态解除，单击按钮变成“上、下、内、外”尺寸不锁定的状态，然后单独设置“内”为30毫米，防止内容被遮挡，如图2-7所示。

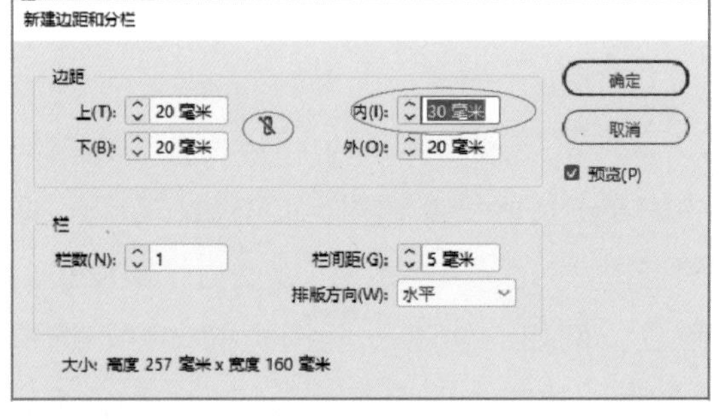

图2-7

分栏

分栏可以为页面建立分栏的框架。图2-8所示为设置栏数为3的效果。

> **提示** 设置分栏后，向页面中导入大量文字，文字会自动根据分栏的设置进行排列，如图2-9所示。有时文字在InDesign CC 2019中呈灰条的显示状态，这是因为当文字缩小到一定的视图比例时，InDesign CC 2019会自动以灰条显示文字效果，这样可以加快屏幕的刷新速度。

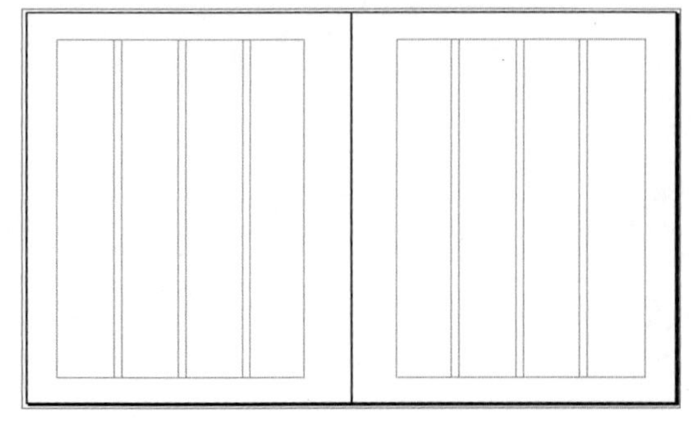

图2-8

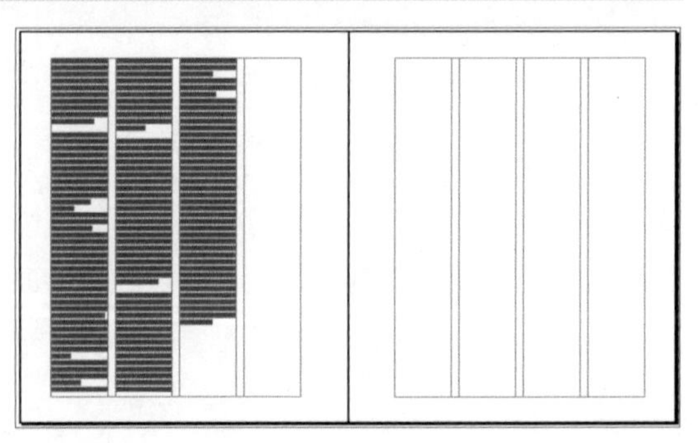

图2-9

版面网格

创建页面的流程为“创建一个新文档→设置页面→边距和分栏”，或“创建一个新文档→设置页面→版面网格”。以“网格”作为排版基础的工作流程仅适用于亚洲语言版本。执行“网格”命令时，文档中将显示方块网格；在页面大小设置中可设置各个版面方块的数目（行数或字数），页边距也可由此确定。使用网格时，可以以网格单元为单位在页面上准确定位对象，如图2-10所示。单击“确定”按钮后，文档窗口中会出现设定好的版面网格，如图2-11所示。

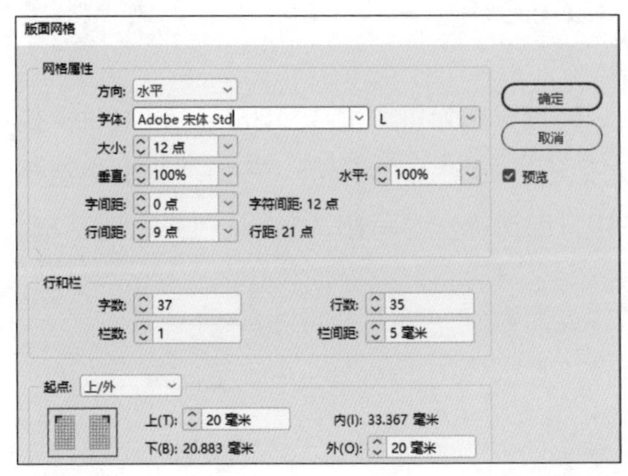

图2-10

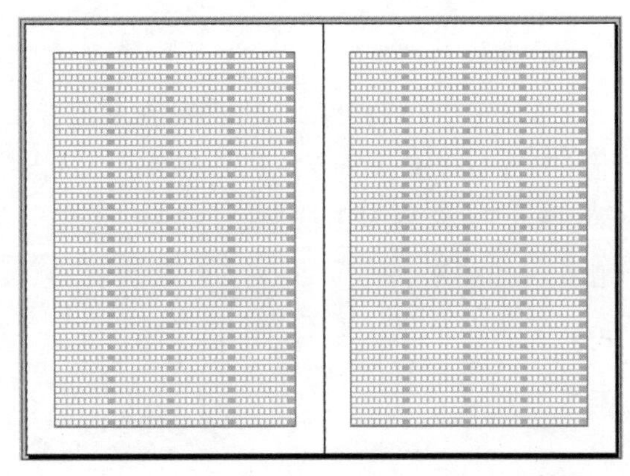

图2-11

2. 打开文件

执行“文件→打开”命令，弹出“打开文件”面板，如图2-12所示，在此面板中选择需要打开的文件，单击右下角的“打开”按钮，即可打开指定文件。也可以在硬盘中，找到由InDesign CC 2019创建的后缀名为“.indd”的源文件，双击即可打开，或按住鼠标左键将其拖曳到InDesign CC 2019图标位置以打开文件。

3. 置入文件

在InDesign CC 2019中，执行“文件→置入”命令，系统将弹出“置入”对话框，如图2-13所示。这个命令主要是针对Photoshop处理的照片、Illustrator创建的Logo、Word或记事本创建的文本文件的导入。

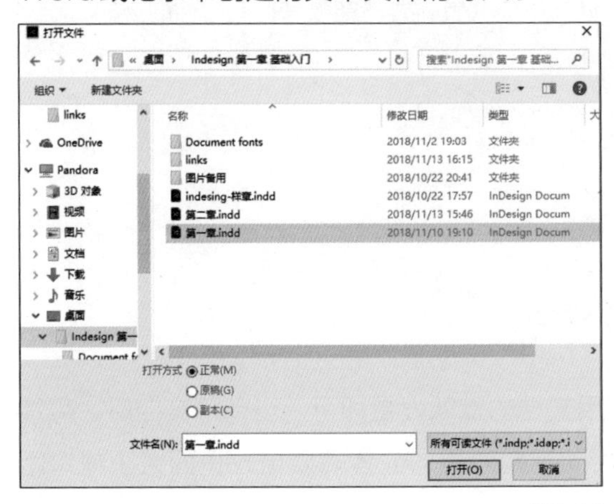

图2-12

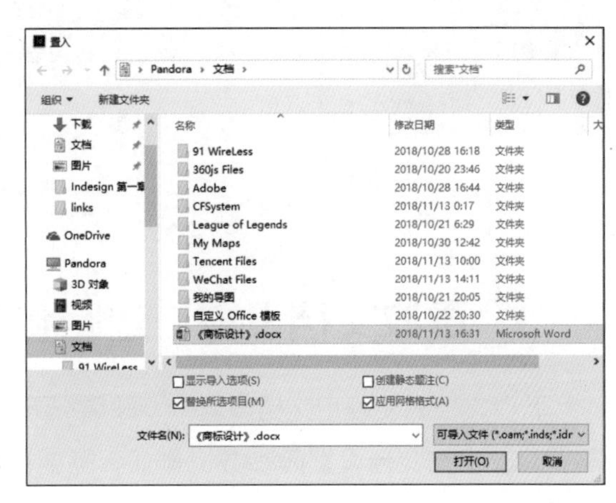

图2-13

4. 保存文件

在InDesign CC 2019中执行“文件→存储”命令或按【Ctrl】+【S】快捷键即可保存文件。

提示 为了应对计算机突然死机的状况，作为设计师应该养成随时按【Ctrl】+【S】快捷键保存文件的良好习惯。不过有时会出现意外退出或断电的情况，InDesign CC 2019 非常人性化的会自动保持非正常关闭的文件，在下一次启动软件时会提示是否恢复意外关闭的文件。

5. 导出文件

当完成一个设计排版文件后，可通过导出命令将其导出为可印刷或打印的PDF文件。执行“文件→导出”命令，系统将弹出“导出”对话框，如图2-14所示。在保存类型中选择“Adobe PDF（打印）”选项，单击“保存”按钮，即可弹出“导出Adobe PDF”对话框，如图2-15所示。

图2-14

图2-15

提示 若文件没有全部完成，需要在其他计算机继续工作或者需要与他人进行源文件的交接，可以执行“文件→打包”命令，将涉及本文件的所有素材打包，防止在其他计算机打开时缺少字体、素材等情况的发生。

2.2 更改文档设置、边距和分栏

新建文档时要确定文档设置，一般情况下使用文档的默认设置即可。当创建文档后，可能需要修改它的文档设置等参数。例如，需要单页而不是对页，或者需要更改页面大小或边距尺寸。

2.2.1 更改文档设置

执行“文件→文档设置”命令，打开图2-16所示的对话框，在其中可修改文档的尺寸等参数。注意“文档设置”对话框中选项的更改会影响文档中的每个页面。

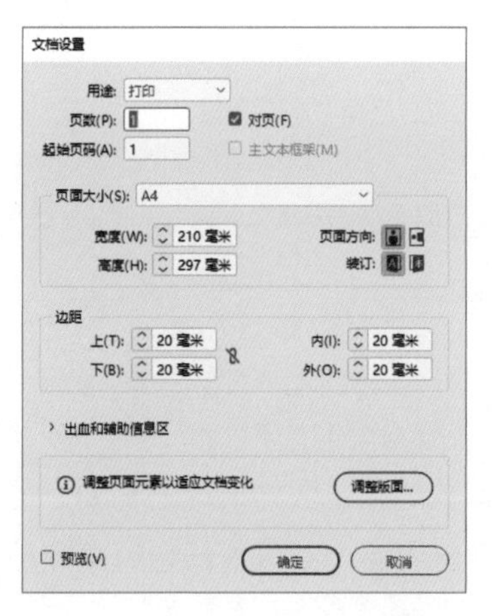

图2-16

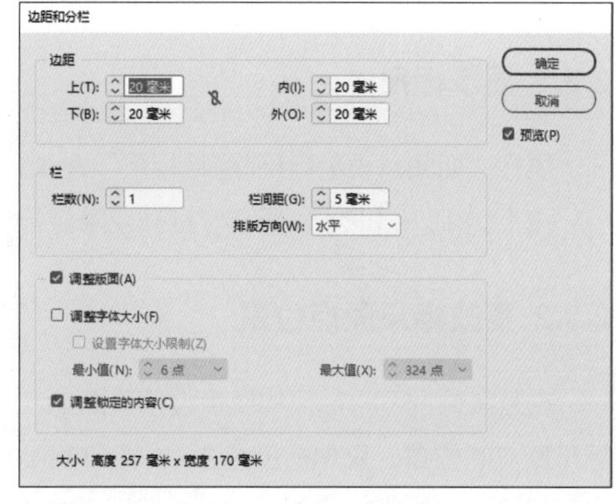

图2-17

2.2.2 更改页边距和分栏设置

执行“版面→边距和分栏”命令，打开图2-17所示的“边距和分栏”对话框，在其中可以更改页面和跨页的分栏和边距设置。

执行这个命令前，如果在“页面”面板上选择了某个主页，则更改的参数会应用到所有应用该主页的普通页面，如图2-18所示。

更改具体的某个页面或某些普通页面的分栏和边距，需要先在“页面”面板中选择具体的页面，如图2-19所示。然后，执行“边距和分栏”命令，在弹出的“边距和分栏”对话框中进行设置。

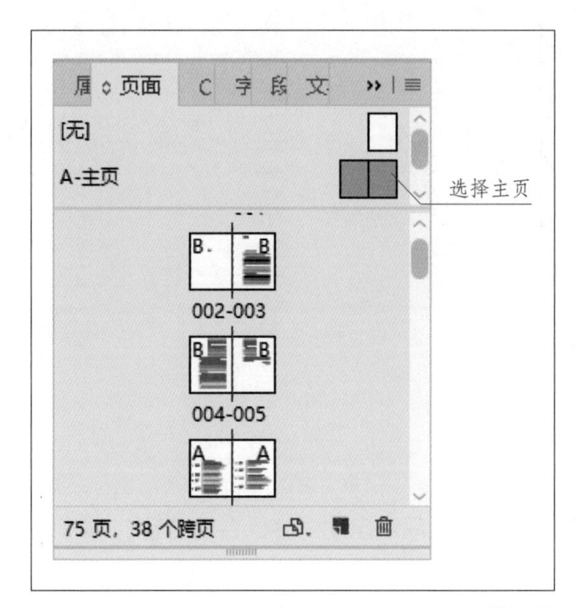

图2-18

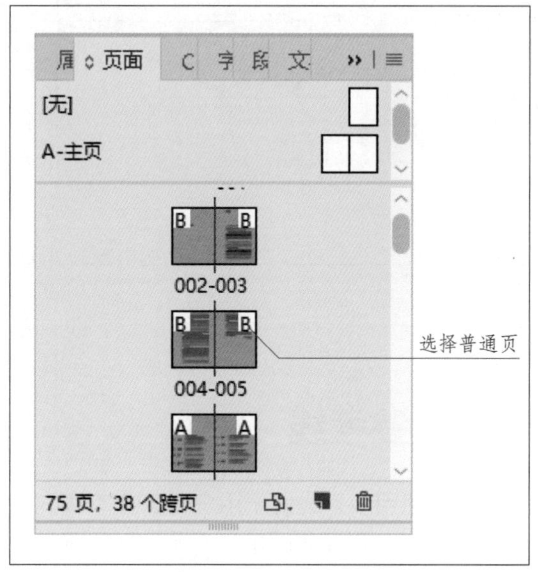

图2-19

2.3 标尺

用户可以在绘图窗口中显示标尺，标尺在排版过程中能够即时反馈指针在x、y轴的坐标位置。

2.3.1 显示标尺

执行“视图→显示标尺/隐藏标尺”命令，可以显示或隐藏标尺。

按【Ctrl】+【R】快捷键可打开或隐藏标尺。

2.3.2 更改标尺原点位置

在默认情况下，标尺的原点位于页面的左上角。但有些时候，因为设计的需要，可以改变标尺原点的位置，只需拖曳图2-20标尺刻度左上角的标尺原点，即可重新定位原点位置。如果要还原标尺的原点位置，则在标尺原点的位置双击即可。

2.3.3 更改标尺单位

在默认情况下，标尺的单位为毫米，根据个人需要与喜好可以在标尺的刻度上单击鼠标右键选择其他单位，如图2-21所示。

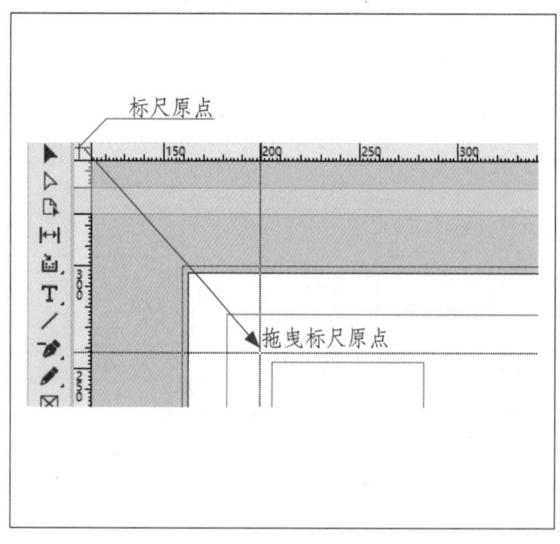

图2-20

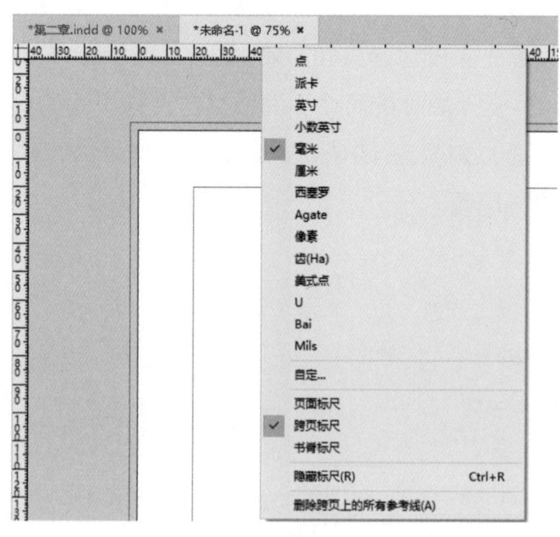

图2-21

2.4 参考线

适当使用参考线便于用户对齐文本和对象，包括将各个项目自动对齐到合适位置。参考线属于辅助线不会被打印出来，也不会出现在导出文件中。

2.4.1 创建参考线

1. 手动创建参考线

执行“视图→网格和参考线→显示参考线”命令，工作区会出现参考线。使用鼠标在标尺的刻度上拖曳，可以手动创建新的参考线，如图2-22所示。

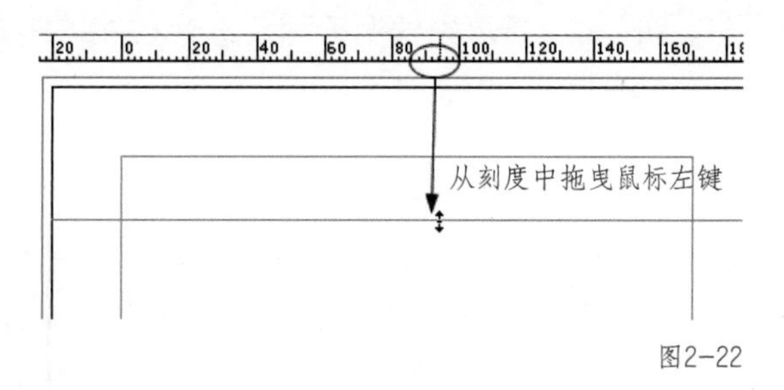

图2-22

2. 创建跨页的参考线

默认情况下，创建的参考线只位于当前的页面中，如图2-23所示，如果想创建跨页的参考线，在拖曳鼠标的同时按住【Ctrl】键，如图2-24所示。

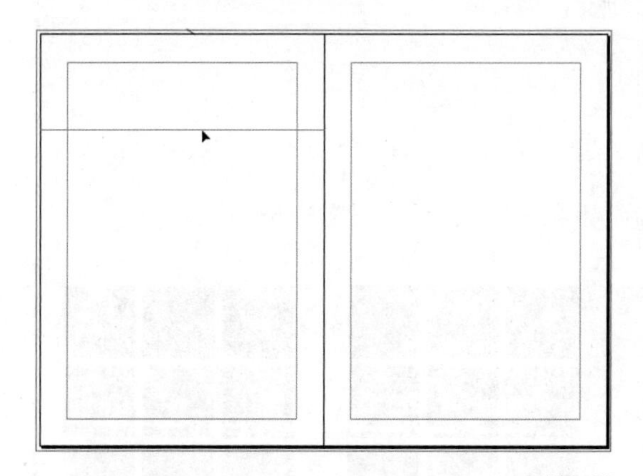

图2-23

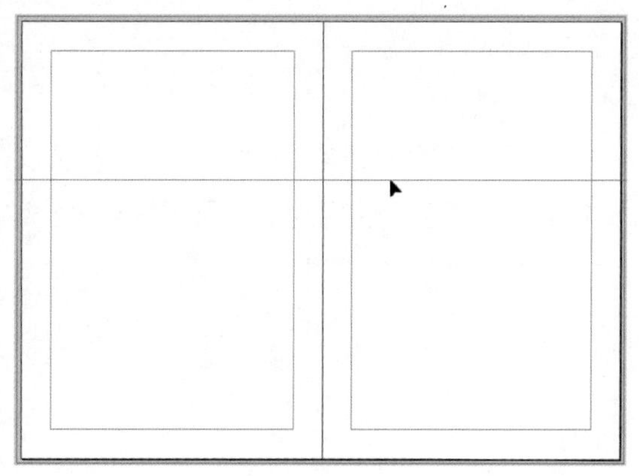

图2-24

3. 同时创建垂直和水平参考线

如果想同时创建垂直和水平参考线，按住【Ctrl】键并从目标跨页的标尺交叉点拖曳到期望位置即可，如图2-25所示。

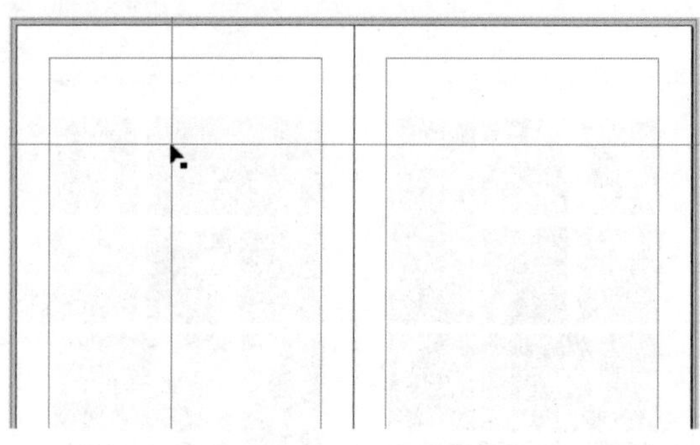

图2-25

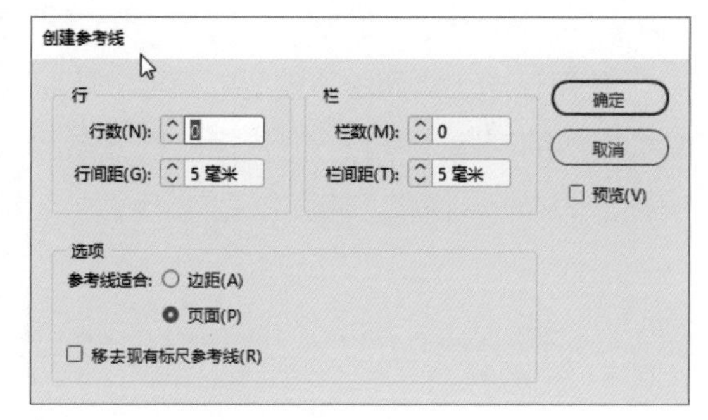

图2-26

4. 创建等距的页面参考线

首先，在“页面”面板中选择需要设置等距页面参考线的页面，可以是主页，也可以是普通的页面，可以是单页，也可以是跨页。

然后，执行“版面→创建参考线”命令，弹出“创建参考线”对话框，如图2-26所示。

在“创建参考线”对话框中，设置参考线的行数和栏数，以及各行或各栏之间的间距数值。参考线可以根据整个页面的尺寸分布，也可以根据边距的设定数值（即版心的尺寸）分布。图2-27所示为根据页面尺寸分布的等距参考线，图2-28所示为根据版心尺寸分布的等距参考线。

图2-27

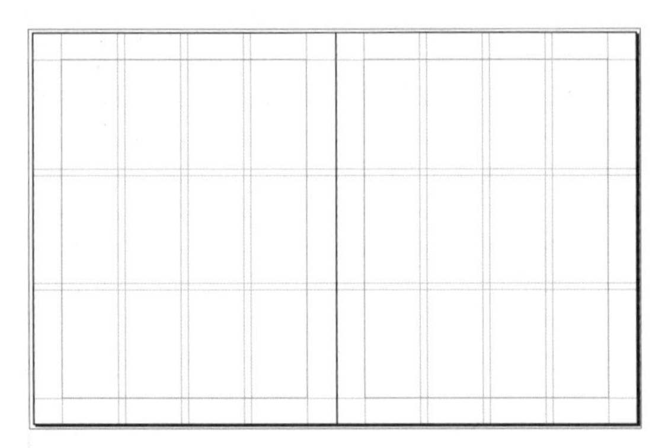

图2-28

在设计版面时经常会用到等距参考线以达到灵活的排版效果。例如，创建等距参考线，如图2-29所示，使用矩形工具根据参考线绘制如图2-30所示的网格分布图。

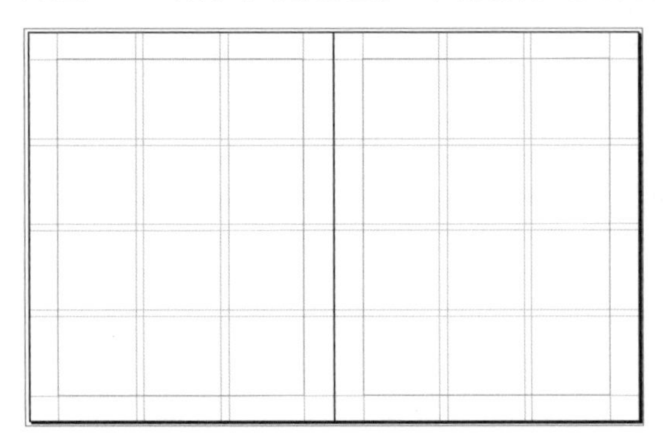

图2-29

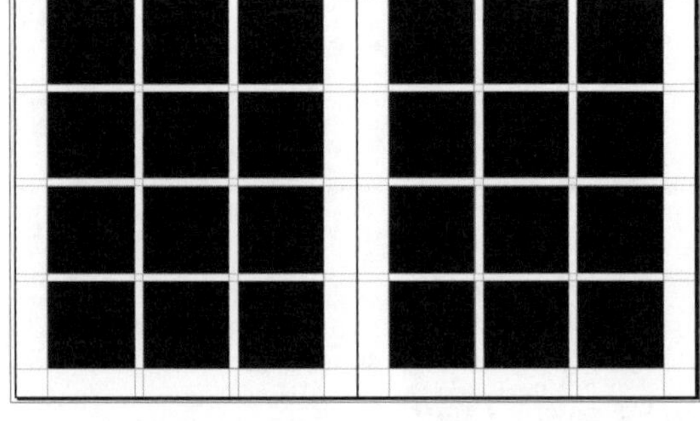

图2-30

使用移动工具删除不需要的矩形，调整其他矩形的形状，得到一个依据网格分布图调整出来的版式底图，如图2-31所示。

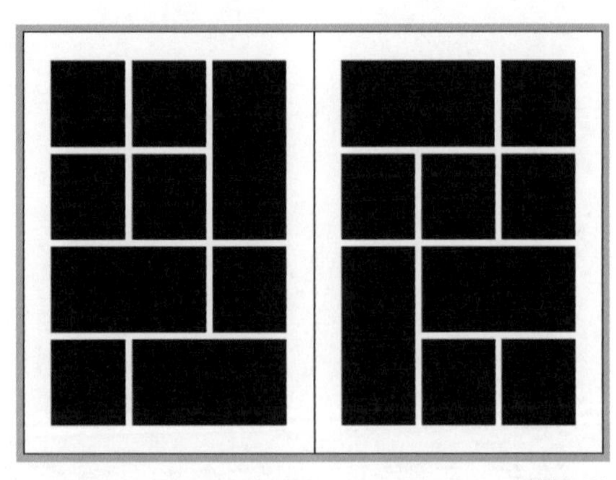

图2-31

根据这个版式底图，通过改变矩形的颜色、增加文字、导入图片等操作，最终的排版效果如图2-32所示。

图2-32

2.4.2 等距排列参考线

有多条参考线时，可将参考线等间距排列。选中多条参考线（通过拖曳或在单击时按【Shift】键），如图2-33所示，在“对齐”面板中单击“水平居中分布”按钮，即可将选中的参考线等距排列，如图2-34所示。

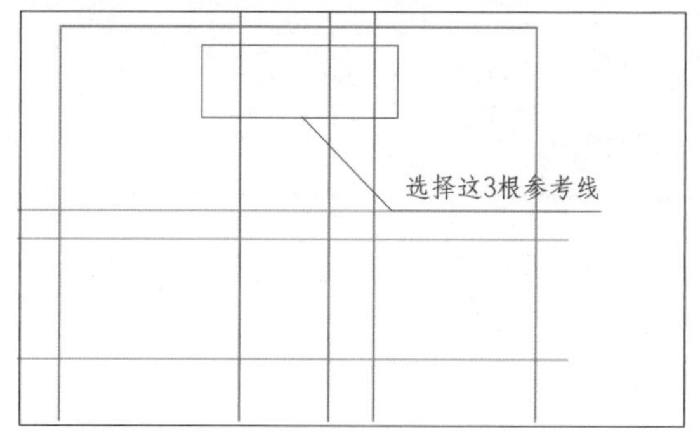

图2-33

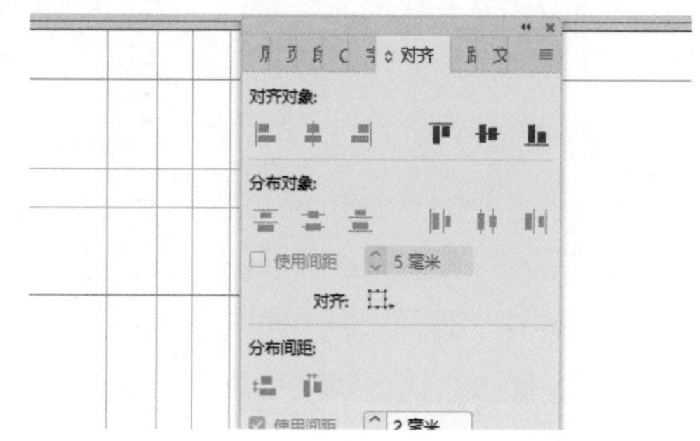

图2-34

2.4.3 显示或隐藏参考线

按【Ctrl】+【；】快捷键，以显示或隐藏所有参考线，包括手动创建的参考线。同时，页面上其他在新建文件时创建的出血线、成品尺寸线（最终印刷成品的尺寸）、版心线也都会被显示或隐藏，如图2-35所示。

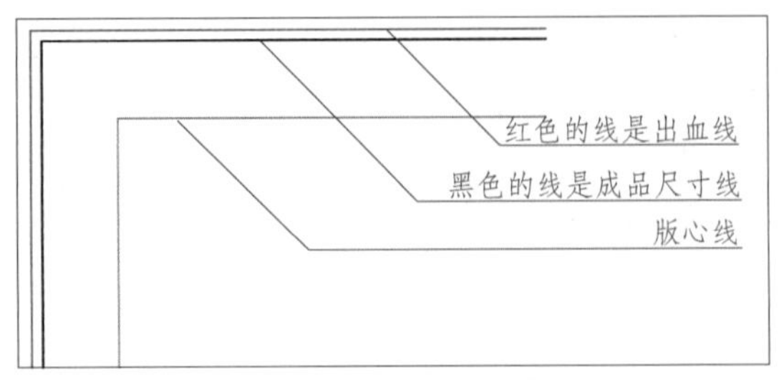

图2-35

2.4.4 删除参考线

1. 删除选定的参考线

选中一条或多条参考线，按【Delete】键，即可删除选中的参考线。

2. 删除所有的参考线

执行“视图→网格和参考线→删除跨页上的所有参考线”命令，即可删除所有参考线。

2.4.5 智能参考线

1. 智能参考线概述

InDesign CC 2019和Illustrator一样，也有智能参考线功能，而且它的智能参考线功能更加强大。利用智能参考线功能，用户可以轻松地将对象与工作面板中的项目靠齐。在拖曳或创建对象时，会出现临时参考线，表明该对象与页面边缘或中心对齐，或者与另一个页面项目对齐。

默认情况下，智能参考线功能已开启，按【Ctrl】+【U】快捷键可开启或关闭此功能。

2. 智能参考线设置

按【Ctrl】+【K】快捷键，打开“首选项”面板。在面板左侧的选项卡中，选择“参考线和粘贴板”，面板右侧出现了有关智能参考线的设置。用户可以在其中修改参考线的颜色、靠齐范围等属性，如图2-36所示。

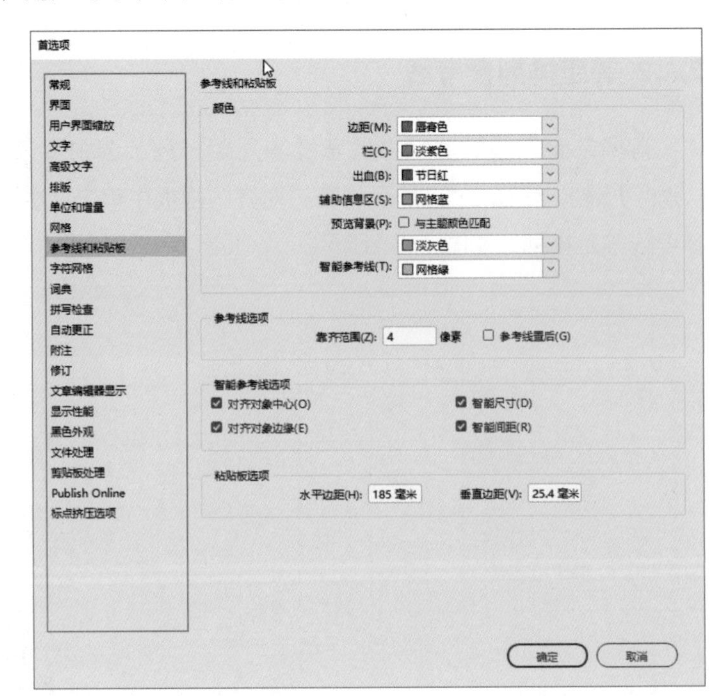

图2-36

智能尺寸

在调整页面项目大小、创建页面项目或旋转页面项目时，会显示智能尺寸。例如，将页面上的一个项目旋转24度，那么在将另一个项目旋转到接近24度时，In Design CC 2019会显示一个旋转图标，如图2-37所示。此提示允许将对象靠齐相邻对象所用的旋转角度。同样，要调整对象的大小与另一个对象相同，In Design CC 2019将显示一条两端有箭头的线段，帮助用户将第一个对象靠齐此相邻对象具有的宽度或高度。

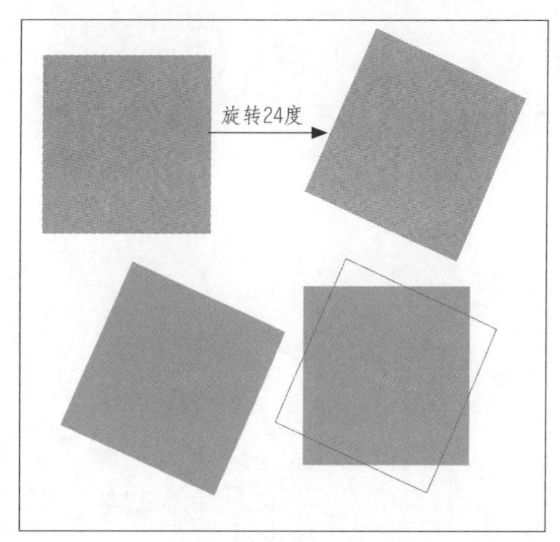

图2-37

智能间距

通过智能间距，用户可以在临时参考线的帮助下快速排列页面项目，这种参考线会在对象间距相同时给出提示。

智能光标

移动对象或调整对象大小时，智能光标反馈在灰色框中显示为*x*值和*y*值；在旋转值时，智能光标反馈在灰色框中显示为度量值。使用界面首选项中的“显示变换值”选项可以打开和关闭智能光标。

提示

本章出现的快捷键如下。

【Ctrl】+【N】：新建文件

【Ctrl】+【S】：保存文件

【Ctrl】+【D】：置入文件

【Ctrl】+【R】：显示和隐藏标尺

【Ctrl】+【；】：显示或隐藏参考线

【Ctrl】+【U】：开启和关闭智能参考线

第 3 章
对象

InDesign CC 2019 中的对象包括可以在文档窗口中添加或创建的任何项目，如开放路径、闭合路径、复合形状和路径、文字、栅格化图稿、3D 对象和任何置入的文件（例如图像等）。

本章主要讲解有关对象操作的各种常见命令和概念。

3.1 对象的顺序、对齐与分布

3.1.1 对象的顺序

当一个页面中有多个对象时，往往会出现对象重叠或相交的情况，因此就会涉及调整对象之间的顺序和排列对齐方式的问题。

用户可以执行“对象→排列”下面的系列命令，改变对象的前后排列顺序，如图3-1所示。

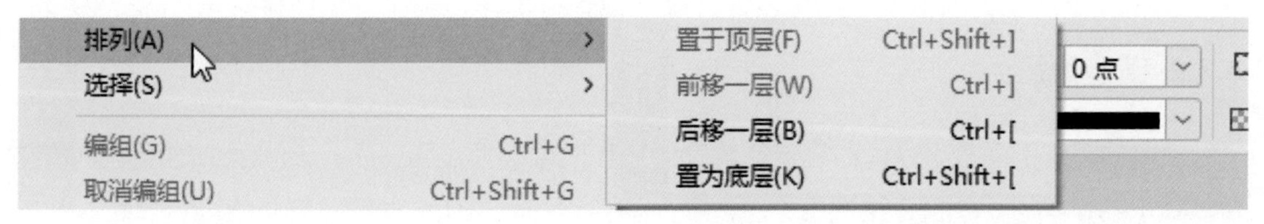

图3-1

3.1.2 对象的对齐与分布

InDesign CC 2019允许用户在绘图中准确地排列、分布对象，以及使各个对象互相对齐或等距分布。

在选择需要对齐的对象以后，执行“窗口→对象和版面→对齐”命令，即可打开“对齐”面板，如图3-2所示。

这里特别要讲到的是一种特殊的对齐方法，即“使用间距”选项。当想精确控制两个或多个对象之间的间距距离时，使用它非常方便。

比如，想让两个对象正好靠在一起，选中这两个对象，打开“对齐”面板，勾选“分布间距”下的“使用间距”选项，在右边的输入框中输入0毫米，然后单击“水平分布间距”按钮即可。

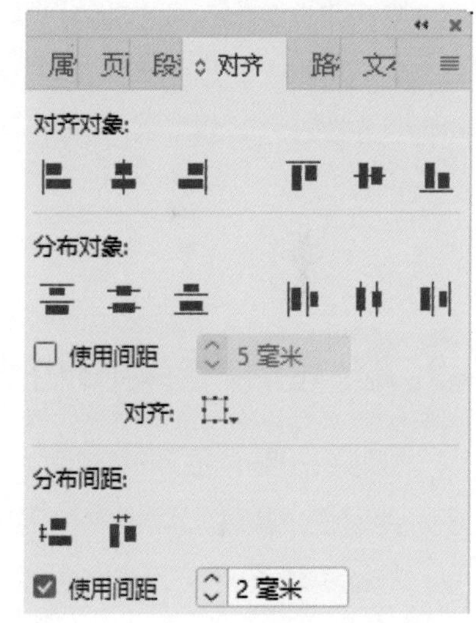

图3-2

3.2 对象的组合与解组

当页面中的对象较多时，把相关的对象进行编组，以便于控制和操作。选中需要编组的对象，单击鼠标右键，在弹出的右键菜单中，执行“编组”命令即可；取消编组操作相同，执行“右键菜单→取消编组”命令即可。对多个对象进行编组的快捷键为【Ctrl】+【G】，解除编组的快捷键为【Ctrl】+【Shift】+【G】。

3.3 锁定或解锁对象

3.3.1 锁定选定的对象

“锁定”命令可以锁定不希望在文档中移动的特定对象。存储文档、关闭文档后重新打开文档时，锁定对象始终保持为锁定状态。只要对象处于锁定状态，就无法移动该对象。

选中要锁定在原位的一个或多个对象，执行“对象→锁定”命令，即可锁定它们；解锁当前跨页上的所有锁定对象执行“对象→解锁跨页上的所有内容”命令即可。

3.3.2 锁定图层

使用“图层”面板可以同时锁定或解锁对象和图层。锁定图层后，该图层上的所有对象位置都处于锁定状态，并且无法选取这些对象，避免用户因操作失误将已完成的排版打乱。

3.4 隐藏对象

隐藏某个对象，需先将其选中，然后执行“对象→隐藏”命令；显示隐藏的对象，执行“对象→显示跨页上的所有内容”命令即可。这些常用的对象命令，在选中对象后，单击鼠标右键，在弹出的右键菜单中就可以找到。

3.5 使用框架和对象

当导入一张位图到图形框内时，得到的对象包括图形内容和框架两个部分，如图3-3所示。此时在“属性”面板中，出现框架适应选项，如图3-4所示。这几个选项从左至右分别是：按比例填充框架、按比例适合内容、内容适合框架、框架适合内容、内容居中、内容识别调整。

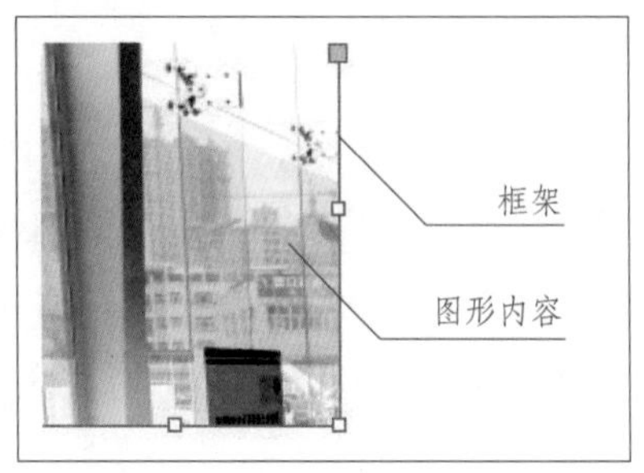

图3-3

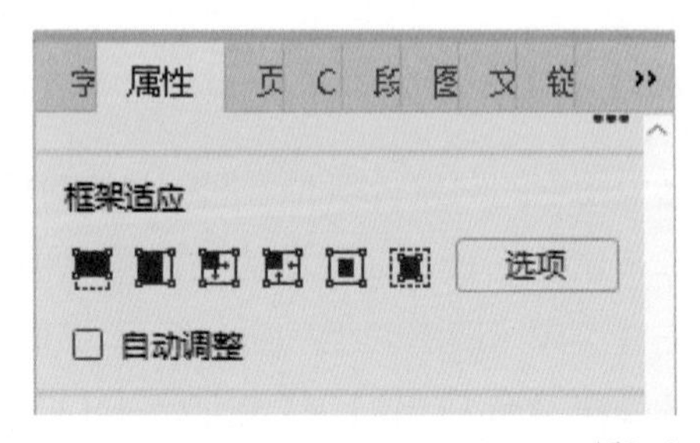

图3-4

3.5.1 按比例填充框架

按比例填充框架指调整内容大小以填充整个框架，同时保持内容比例不变。框架的尺寸不会更改，如果内容和框架的比例不同，框架的外框将会裁剪部分内容，如图3-5所示。

3.5.2 按比例适合内容

按比例适合内容指调整内容大小以适合框架，同时保持内容比例不变。框架的尺寸不会更改，如果内容和框架的比例不同，将会出现空白区，如图3-6所示。

3.5.3 内容适合框架

内容适合框架指调整内容大小以适合框架并允许更改内容比例。框架不会更改，如果内容和框架比例不同，内容就会显示为拉伸状态，如图3-7所示。

图3-5

图3-6

图3-7

3.5.4 框架适合内容

框架适合内容指调整框架大小以适合内容并允许更改框架比例和大小，如图3-8所示。

图3-8

3.5.5 内容居中

内容居中指将内容放置在框架的中心。内容和框架的比例和大小不会改变。

3.6 移动图形框架或其内容

使用选择工具选择图形框架时，既可以选择框架，也可以选择框架内的图像。单击内容手形抓取工具以外的位置并拖曳所选内容，框架的内容将随框架一起移动；拖曳内容手形抓取工具，则图像将在框架内移动，如图3-9所示。

图3-9

3.7 实训案例：杂志内页制作

目的：通过制作图3-10所示的案例熟悉InDesign CC 2019的基本操作命令。

图3-10

操作步骤

01 启动InDesign CC 2019，新建一个文件，设置其页数为1页，取消“对页”选项，设置尺寸为W210毫米 × H285毫米，如图3-11所示。

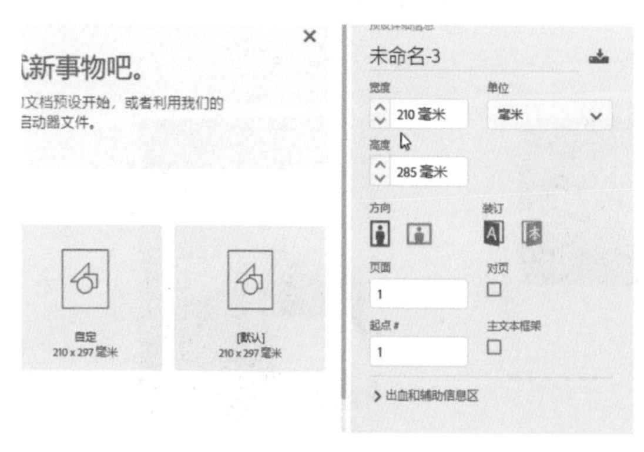

图3-11

02 单击“边距和分栏...”按钮，在弹出的对话框中设置其上、下、右边距为15毫米，左边距为25毫米，如图3-12所示。单击“确定”按钮，得到新建的空白页面。

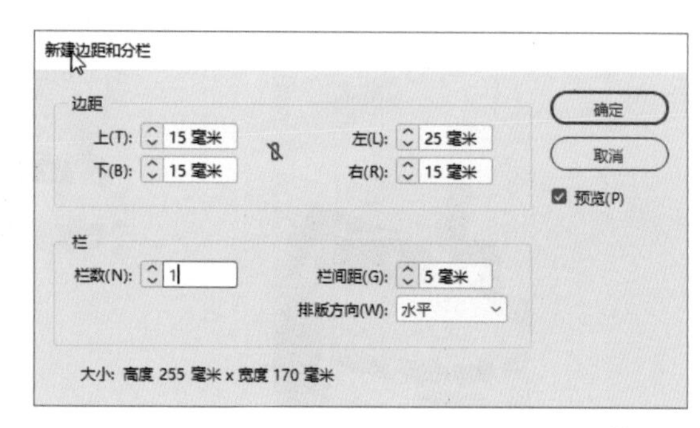

图3-12

提示 由于这个页面是杂志的内页，所以在靠近装订方向的左边距的数值比其他方向的要大10毫米。

03 使用矩形工具，沿页面出血线位置创建一个矩形，注意图形的尺寸要包含出血的范围，如图3-13所示。双击应用“渐变”按钮，对绘制的矩形填充渐变色，如图3-14所示。

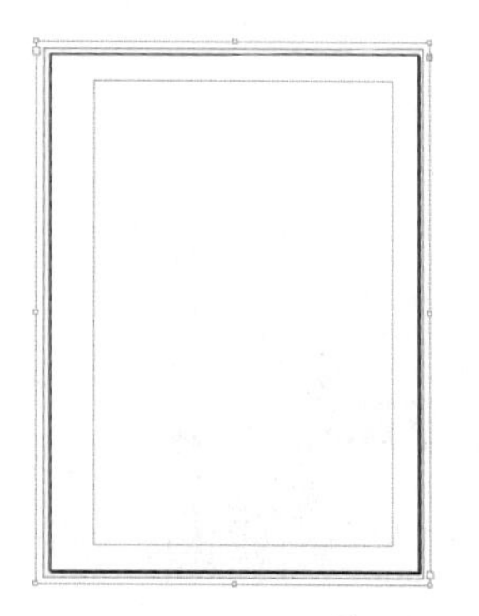

图3-13

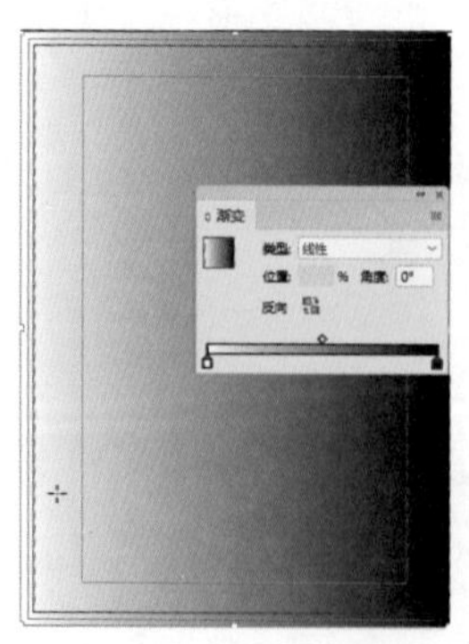

图3-14

04 在弹出的“渐变”面板中选中滑块，打开“颜色”面板，设置“渐变”面板两端的滑块颜色为C100、M0、Y0、K0，然后在渐变条中间单击，添加一个白色的渐变滑块，如图3-15所示。

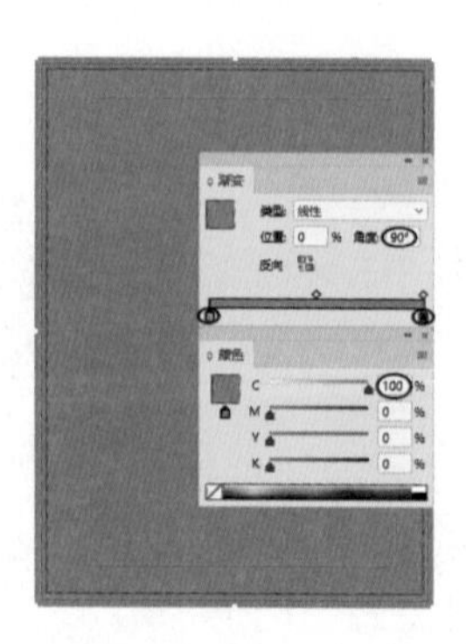

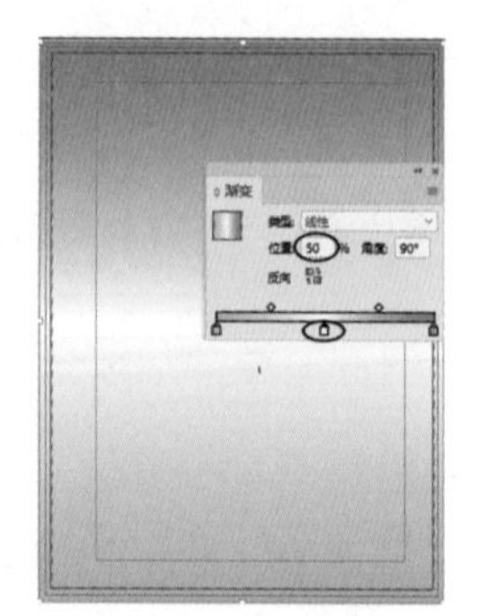

图3-15

05 按【Ctrl】+【D】快捷键，置入图片“杂志封面”，如图3-16所示。

图3-16

06 在控制面板设置描边颜色为白色，粗细为3点，如图3-17所示。

图3-17

07 执行“对象→效果→投影”命令，参数设置如图3-18所示。

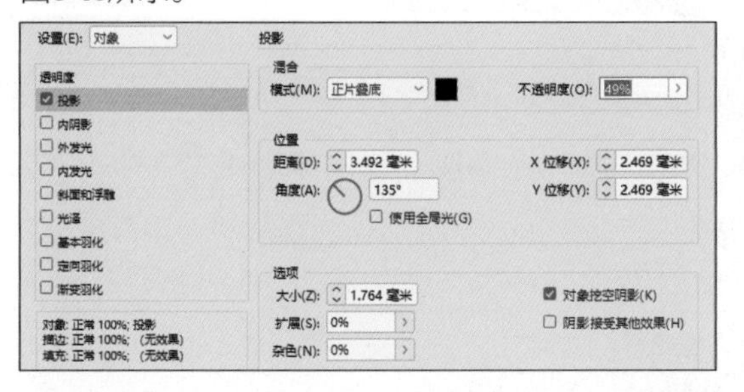

图3-18

08 从Word文件中复制图3-19所示的文字，粘贴到页面中。

图3-19

09 选中图3-20所示的文字，设置其字体为方正书宋简体，字号为12点，行距为18点。

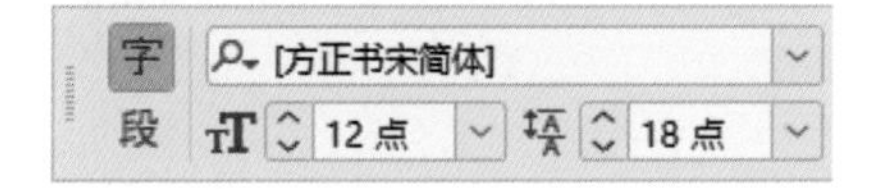

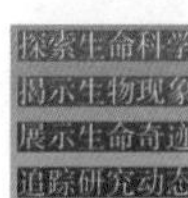

图3-20

10 单击段落控制面板中的“项目符号列表”按钮，为其添加项目符号，如图3-21所示。

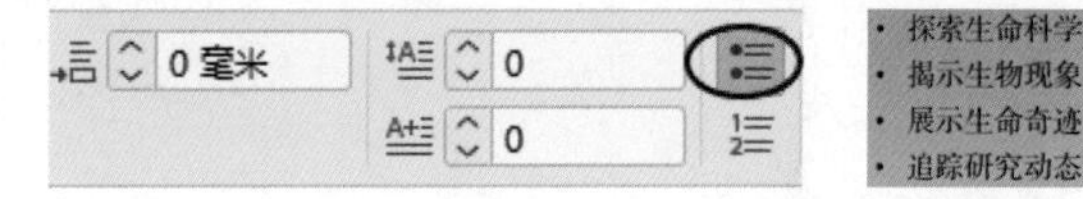

图3-21

11 若未出现项目符号，执行“段落”面板中右上角菜单中的“项目符号和编号”命令，弹出“项目符号和编号”对话框，如图3-22所示。

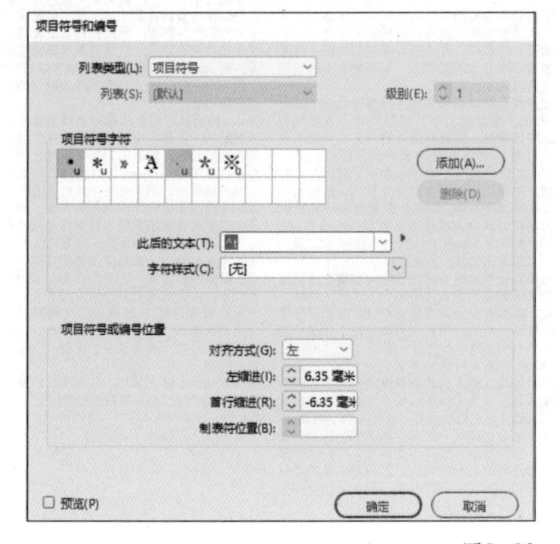

图3-22

12 在“项目符号和编号”对话框中，可以选择不同样式的项目符号和字符，还可以单击“添加”按钮查找更多的项目符号，并对其进行字体系列及字体样式的设置，如图3-23所示。

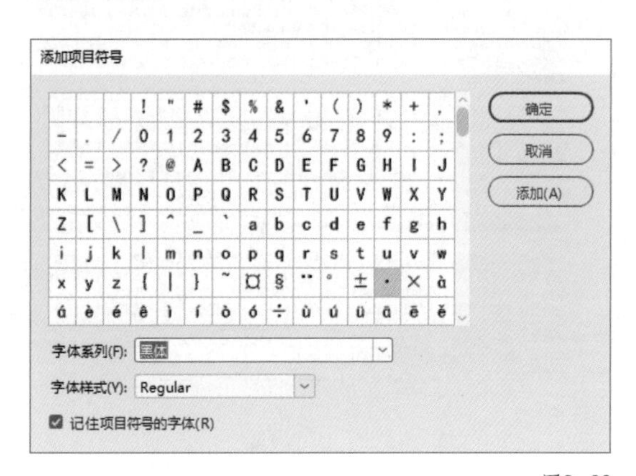

图3-23

13 选中文字“生物谷”（参考步骤10），设置文字颜色为黑色，字体为方正粗雅宋，字号为18点，行距为24点，字符间距为200，对齐方式为右对齐，效果如图3-24所示。

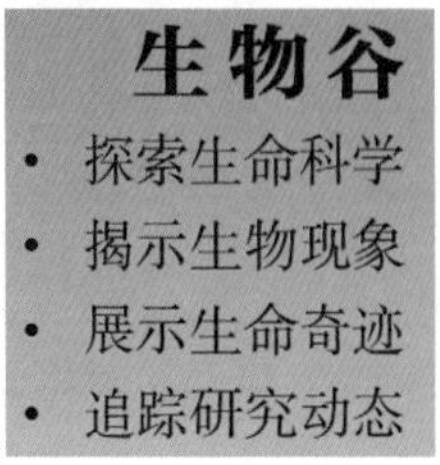
生物谷
探索生命科学
揭示生物现象
展示生命奇迹
追踪研究动态

图3-24

14 在页面合适位置，创建一个文本框，输入文字“深海鱼类通过歌声求爱”，设置文字颜色为C100、M53、Y0、K27，字体为方正隶二简体，字号为20点，行距为40点，字符间距为150，效果如图3-25所示。

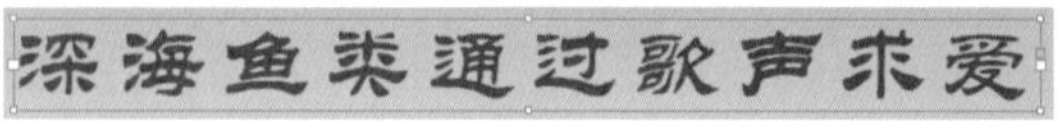
深海鱼类通过歌声求爱

图3-25

15 选中文字所在的文本框，执行“对象→效果→投影”命令添加投影，效果如图3-26所示。

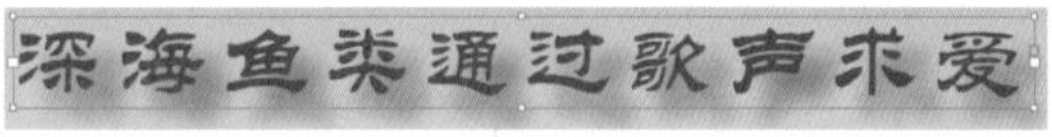
深海鱼类通过歌声求爱

图3-26

16 输入作者和更新时间等文字内容，设置其字体为方正中等线简体，字号为10点，间距为15点，并为其添加投影，效果如图3-27所示。

作者：生物谷科学编辑
更新时间：2008-5-17

图3-27

17 执行“文件→置入”命令置入，或者通过复制粘贴Word中剩余的文字内容到图3-28所示的位置，删除文字中多余的回车和空格。

nature
生物谷
探索生命科学
揭示生物现象
展示生命奇迹
追踪研究动态
深海鱼类通过歌声求爱

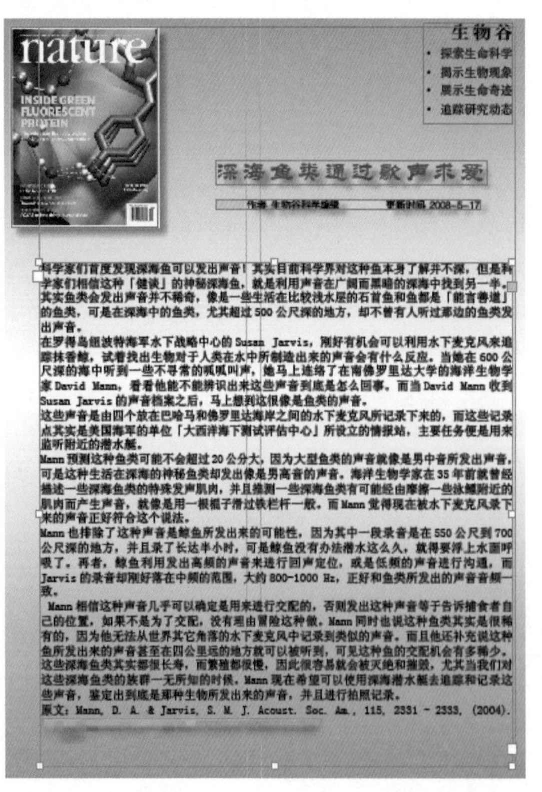

图3-28

18 使用选择工具选中文字所在文本框，在控制面板右侧，将栏数设置为2，栏间距设置为5，效果如图3-29所示。

5毫米
2
100%
5毫米

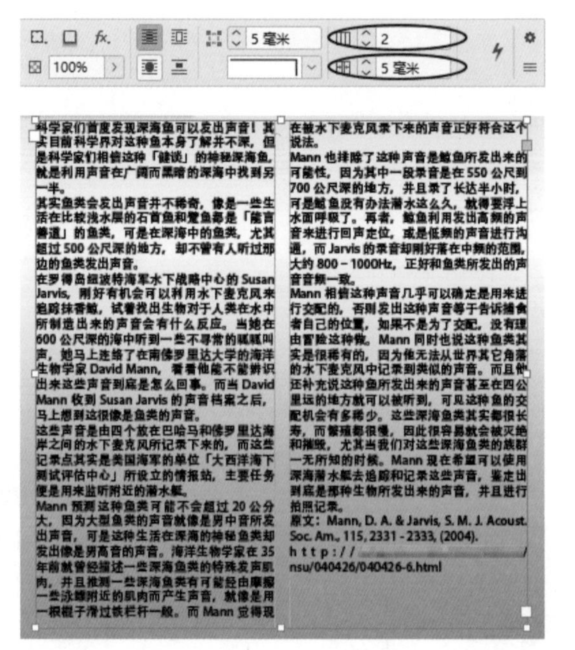

图3-29

19 选中文本框的第一段文字，设置其字体为方正仿宋简体，字号为9点，间距为14点，首行左缩进7毫米，段后距2毫米，效果如图3-30所示。

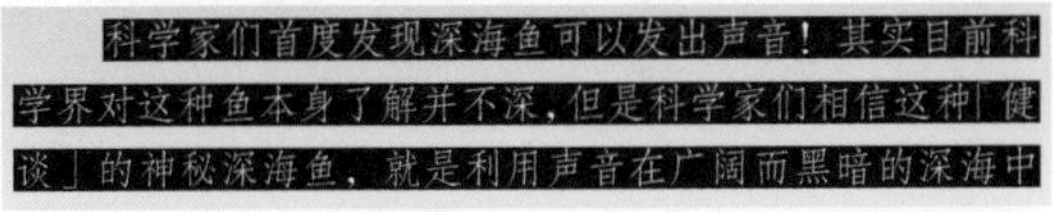

科学家们首度发现深海鱼可以发出声音！其实目前科
学界对这种鱼本身了解并不深，但是科学家们相信这种「健
谈」的神秘深海鱼，就是利用声音在广阔而黑暗的深海中

图3-30

20 基于设置好的文字属性，在“段落样式”面板中，将其定义为“正文”段落样式，如图3-31所示。

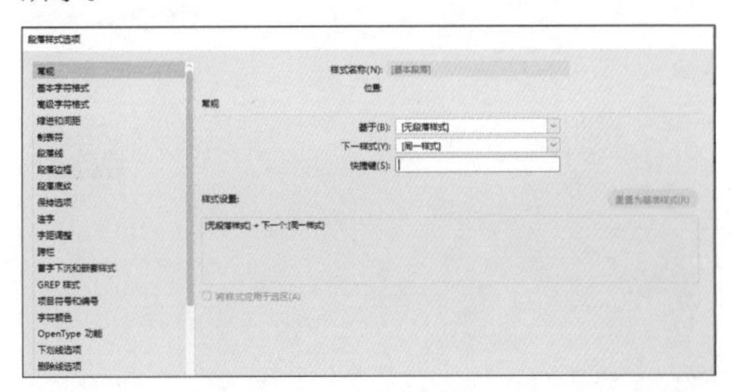

图3-31

21 使用文字工具，将光标插入到其他文字段落，应用“正文”段落样式，效果如图3-32所示。

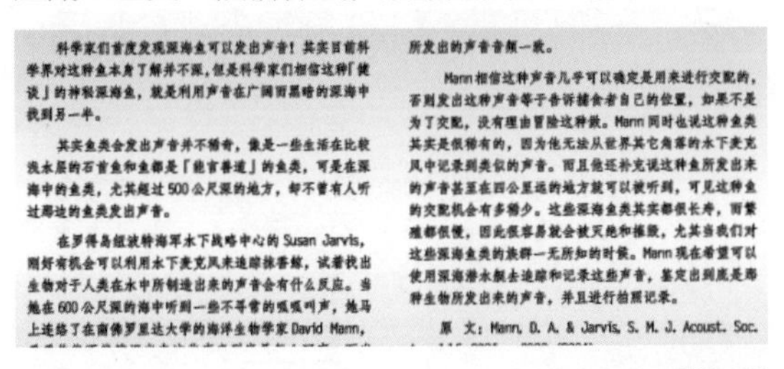

图3-32

22 选中第一段，在控制面板里设置其首字下沉行数为2，首行下沉1个字符，如图3-33所示。

科学家们首度发现深海鱼可以发出声音！其实目前科学界对这种鱼本身了解并不深，但是科学家们相信这种「健谈」的神秘深海鱼，就是利用声音在广阔而黑暗的深海中找到另一半。

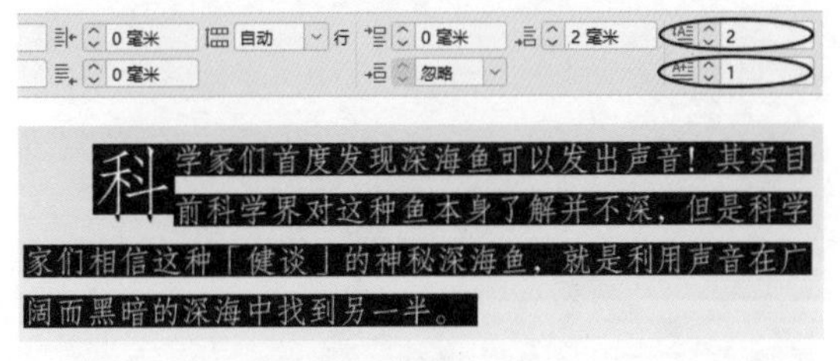

图3-33

23 使用多边形工具创建一个六边形，设置为无颜色填充，沿对象形状绕排，位移为3，如图3-34所示。

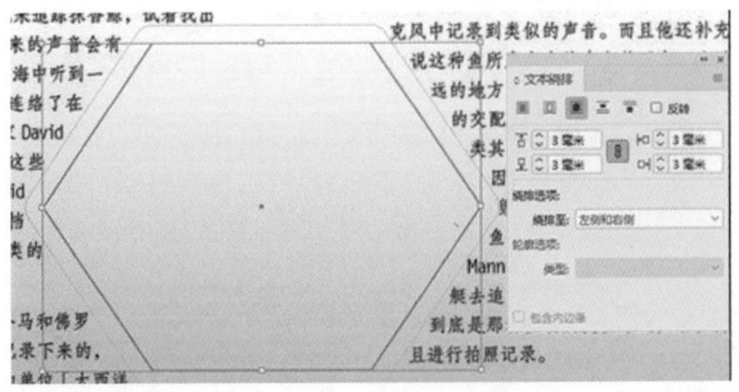

图3-34

24 为六边形描边，颜色为白色，粗细为2点，如图3-35所示。

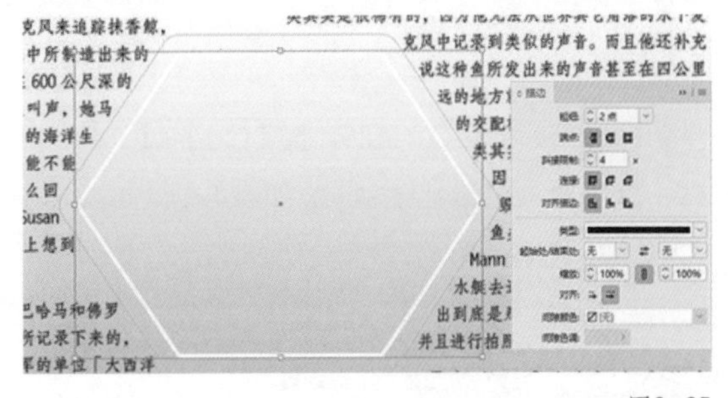

图3-35

25 选中六边形，在控制面板右侧，按住【Alt】键的同时，单击“角选项”按钮，转角形状为反向圆角，调整到合适的大小，如图3-36所示。

角选项
转角大小及形状:
7.368 毫
7.368 毫
7.368 毫
7.368 毫
预览(V)
确定
取消

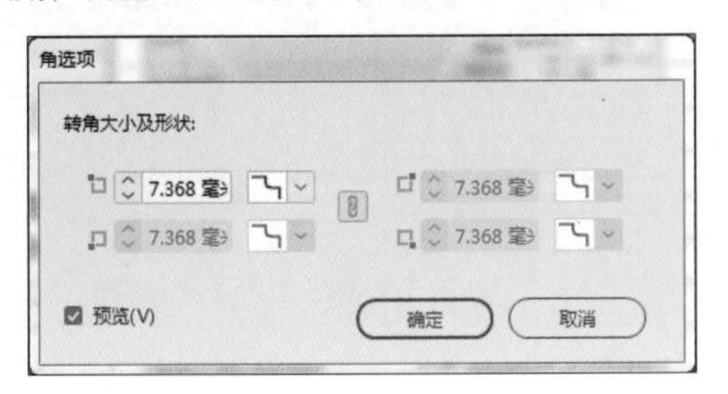

图3-36

26 选中设置好的六边形，置入素材“深海鱼.jpg”，效果如图3-37所示。

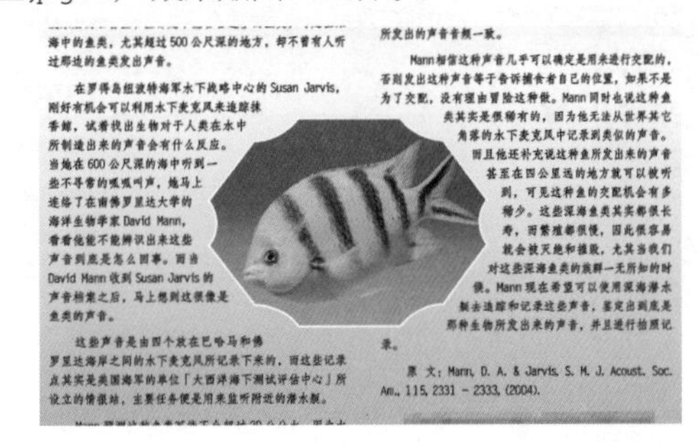

图3-37

27 启动Photoshop，在Photoshop中打开“深海鱼”图片，如图3-38所示。

图3-38

28 双击“背景”图层解锁，使用魔棒工具选中如图3-39所示的选区。

图3-39

29 按【Delete】键删除选区，如图3-40所示。

图3-40

30 使用“色相/饱和度”，对图片进行调整，如图3-41所示。调整完毕将其另存为“深海鱼素材.psd”。

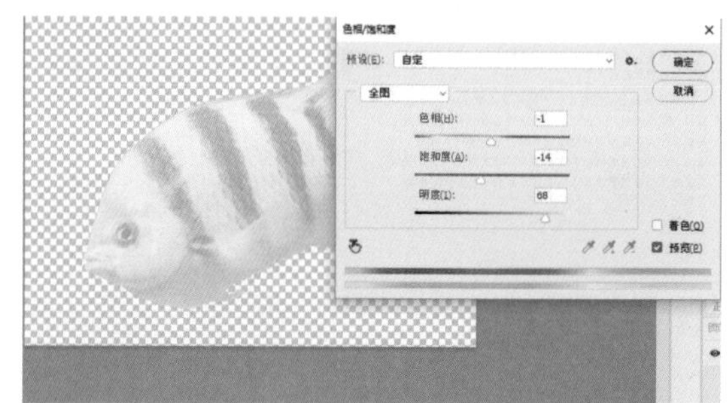

图3-41

31 回到InDesign CC 2019，按【Ctrl】+【D】快捷键，置入“深水鱼素材.psd”，如图3-42所示。

图3-42

32 按【Ctrl】+【[】快捷键，将其后移至文字下方。适当降低其“不透明度”，如图3-43所示。

图3-43

33 调整各个元素的大小和位置。最终效果如图3-44所示。

nature

INSIDE GREEN FLUORESCENT PROTEIN

生物谷

- 探索生命科学
- 揭示生物现象
- 展示生命奇迹
- 追踪研究动态

深海鱼类通过歌声求爱

作者: 生物谷科学编辑　　更新时间: 2008-5-17

科学家们首度发现深海鱼可以发出声音！其实目前科学界对这种鱼本身了解并不深，但是科学家们相信这种「健谈」的神秘深海鱼，就是利用声音在广阔而黑暗的深海中找到另一半。

其实鱼类会发出声音并不稀奇，像是一些生活在比较浅水层的石首鱼和鱼都是「能言善道」的鱼类，可是在深海中的鱼类，尤其超过500公尺深的地方，却不曾有人听过那边的鱼类发出声音。

在罗得岛纽波特海军水下战略中心的Susan Jarvis，刚好有机会可以利用水下麦克风来追踪抹香鲸，试着找出生物对于人类在水中所制造出来的声音会有什么反应。当她在600公尺深的海中听到一些不寻常的呱呱叫声，她马上连络了在南佛罗里达大学的海洋生物学家David Mann，看看他能不能辨识出来这些声音到底是怎么回事。而当David Mann收到Susan Jarvis的声音档案之后，马上想到这很像是鱼类的声音。

这些声音是由四个放在巴哈马和佛罗里达海岸之间的水下麦克风所记录下来的，而这些记录点其实是美国海军的单位「大西洋海下测试评估中心」所设立的情报站，主要任务便是用来监听附近的潜水艇。

Mann预测这种鱼类可能不会超过20公分大，因为大型鱼类的声音就像是男中音所发出声音，可是这种生活在深海的神秘鱼类却发出像是男高音的声音。海洋生物学家在35年前就曾经描述一些深海鱼类的特殊发声肌肉，并且推测一些深海鱼类有可能经由摩擦一些泳鳔附近的肌肉而产生声音，就像是用一根棍子滑过铁栏杆一般。而Mann觉得现在被水下麦克风录下来的声音正好符合这个说法。

Mann也排除了这种声音是鲸鱼所发出来的可能性，因为其中一段录音是在550公尺到700公尺深的地方，并且录了长达半小时，可是鲸鱼没有办法潜水这么久，就得要浮上水面呼吸了。再者，鲸鱼利用发出高频的声音来进行回声定位，或是低频的声音进行沟通，而Jarvis的录音却刚好落在中频的范围，大约800-1000 Hz，正好和鱼类所发出的声音音频一致。

Mann相信这种声音几乎可以确定是用来进行交配的，否则发出这种声音等于告诉猎食者自己的位置，如果不是为了交配，没有理由冒险这种做。Mann同时也说这种鱼类其实是很稀有的，因为他无法从世界其它角落的水下麦克风中记录到类似的声音。而且他还补充说这种鱼所发出来的声音甚至在四公里远的地方就可以被听到，可见这种鱼的交配机会有多稀少。这些深海鱼类其实都很长寿，而繁殖都很慢，因此很容易就会被灭绝和濒毁，尤其当我们对这些深海鱼类的族群一无所知的时候。Mann现在希望可以使用深海潜水艇去追踪和记录这些声音，鉴定出到底是那种生物所发出来的声音，并且进行拍摄记录。

原文: Mann, D. A. & Jarvis, S. M. J. Acoust. Soc. Am., 115, 2331 - 2333, (2004).

图3-44

提示

本章出现的快捷键如下。

【Ctrl】+【Shift】+【]】: 置于顶层

【Ctrl】+【Shift】+【[】: 置于底层

【Ctrl】+【]】: 前移一层

【Ctrl】+【[】: 后移一层

【Ctrl】+【3】: 隐藏所选对象

【Ctrl】+【Alt】+【3】: 显示所有对象

【Ctrl】+【L】: 锁定所选对象

【Ctrl】+【Alt】+【2】: 解锁所有对象

【Ctrl】+【G】: 组合对象

【Ctrl】+【Shift】+【G】: 解除组合对象

第 4 章 文字的处理

作为一款专业的排版软件，文字的处理显得尤为重要。InDesign CC 2019可以非常方便快捷地对大段落文字进行导入和编排。同时，InDesign CC 2019提供的文字样式和段落样式功能可以统一控制文本的格式和效果，大大提高文字编排的效率，降低错误发生的概率。

本章将就文字的各种处理方法进行详细的讲解。

4.1 文字的导入

4.1.1 使用置入命令导入文字

在InDesign CC 2019中，可使用“置入”命令置入Word文档或记事本文件。按【Ctrl】+【D】快捷键，弹出“置入”对话框，如图4-1所示。

在“置入”对话框中选中需要置入的文字文件，单击“打开”按钮后InDesign CC 2019中的指针将变成载入文本的图标。使用图标可将文本置入到页面上。

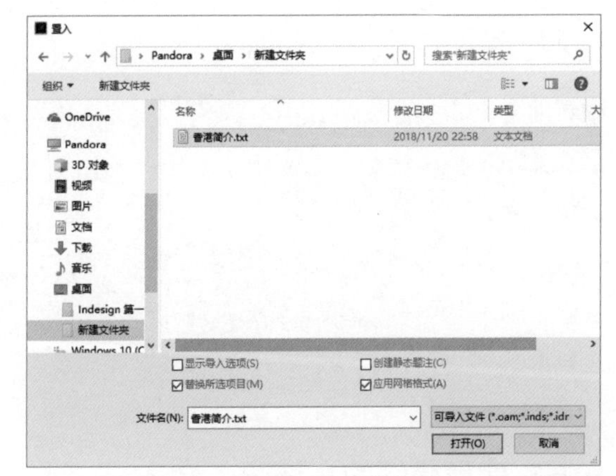

图4-1

将图标置于文本框架上时，该图标将括在圆括号中；将图标置于参考线或网格靠齐点旁边时，黑色指针将变为白色。置入文本将涉及一些排文知识，下面讲解4种排文方法。

1. 手动排文

图标出现后，手动绘制文本框，文字将在文本框中排成一栏出现。置入的文字不能在文本框内全部排出时，将出现红色“+”号。单击红色的“+”号，在下一个位置再次绘制文本框，如此反复直到文字全部置入进来。

2. 自动排文

图标出现后，打开“页面”面板，按住【Shift】键，单击“页面”面板中第一个页面的左上角，文本会自动占用所需的页面，如果页数不够，InDesign CC 2019会自动添加页面，直到所有的文字都被置入进来，如图4-2所示。

3. 半自动排文

图标出现后，按住【Alt】键的同时单击页面或框架，与手动排文一样，文本每次排文一栏，在置满每栏后，若还有文字未被排入，图标继续存在，此时再次单击页面或框架进行排文，如此反复直到文字完全导入进来。

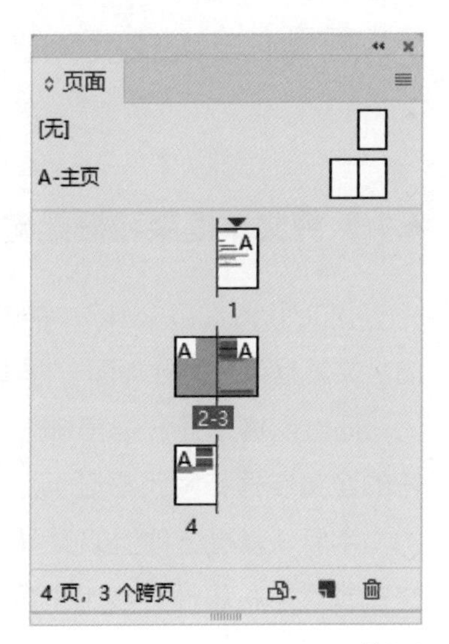

图4-2

4. 自动排文但不添加页面

图标出现后，按住【Shift】+【Alt】组合键的同时单击，此时采取手动排文的方式导入文本。将光标放置在版心线的左上角单击，文本会自动导入到版心范围内，同时InDesign CC 2019会自动为文字创建使用方块划分好的框架网格，如图4-3所示。

图4-3

> **提示** 此时发现在文本框的右下角有一个红色的“+”号，这表示当前文本框中还有溢出的文本（即没有显示完整），被称为溢流文本。在排版的过程中，由于各种原因会经常出现溢流文本的现象，需要进行后一步的处理。另外，InDesign CC 2019在导出文件为PDF格式时，也会自动提示溢流文本的警告。

4.1.2 使用复制的方法导入文本

打开记事本文件或Word文档，在其中选择需要置入的文字，执行“复制”命令，然后在InDesign CC 2019中使用文字工具，手动创建一个文本框，执行“粘贴”命令，文字即可置入到InDesign CC 2019的页面中。这种情况下得到的是一个不带框架网格的文本框架，如图4-4所示。

此时，若文本不能在绘制的文本框架中完全排出，文本框架右下角将出现红色“+”号，提示有溢出的文本，需要进一步处理。可单击红色的“+”号，在下一个位置再次创建文本框，如此反复直到文字完全置入进来。

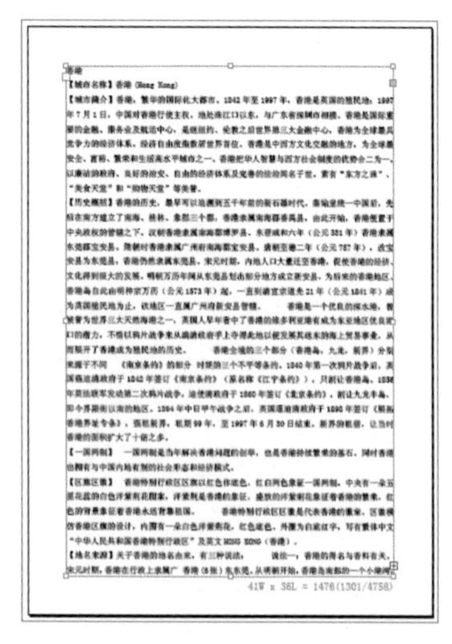

图4-4

4.1.3 纯文本框架和框架网格

InDesign CC 2019中的文本位于称作文本框架的容器内。文本框架有两种类型：框架网格和纯文本框架。

框架网格是亚洲语言排版特有的文本框架类型，其中字符的全角字框和间距都显示为网格。上面使用置入命令导入的文字默认就是这种框架类型。框架网格包含字符属性设置，这些预设字符属性会应用于置入的文本。执行“对象→框架网格选项”命令,可查看和更改框架网格的属性，如图4-5所示。

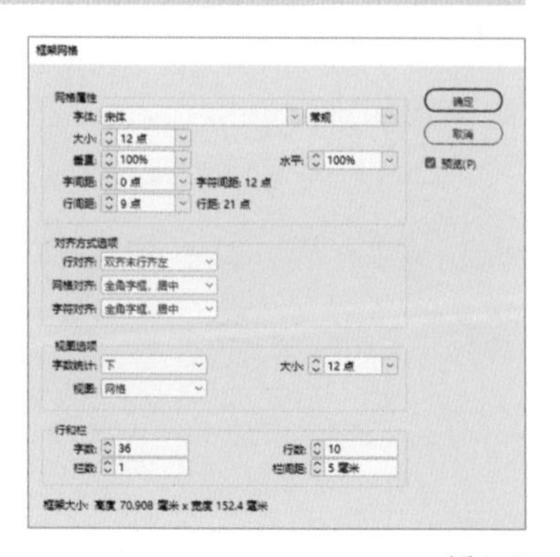

图4-5

纯文本框架是不显示任何网格的空文本框架。和图形框架一样，用户可以对文本框架进行移动和调整。纯文本框架没有字符属性设置，文本在置入后，会采用“字符”面板中当前选定的字符属性。

执行“对象→框架类型→文本框架/框架”命令，可对它们的属性进行转换。

4.2 字符面板

按【Ctrl】+【T】快捷键，可打开图4-6所示的“字符”面板，在“字符”面板中可以设置字符的相关参数。

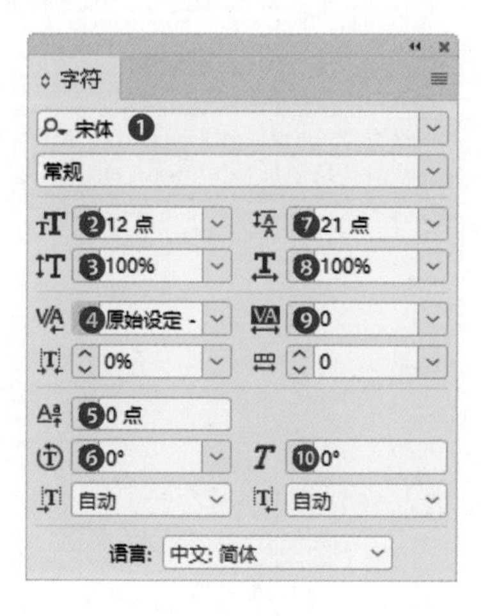

❶ 字体
❷ 字号
❸ 文字垂直缩放比例
❹ 字偶间距
❺ 基线偏移
❻ 字符旋转
❼ 行距
❽ 文字水平缩放比例
❾ 字符间距
❿ 字符倾斜

图4-6

4.2.1 使用字体

1. 关于字体

字体是由一组具有相同粗细、宽度和样式的字符（字母、数字和符号）构成的完整集合，如Adobe Garamond。

字体样式是字体系列中单个字体的变体。通常，字体系列的罗马体或普通体（实际名称因字体系列而异）是基本字体，其中可能包括一些文字样式，如常规、粗体、半粗体、斜体和粗体斜体。每种字体样式都是一个独立文件，如果尚未安装字体样式文件，则无法从“字体样式”中选择该字体样式。

2. 字号

文字的大小程度，默认情况下InDesign CC 2019使用点作为字号的单位。

3. 使用复合字体

在进行中英文混合排版时，根据设计需要，经常会为中文和英文指定不同的字体，这时InDesign CC 2019可将不同的字体混合在一起，创建出新的复合字体以适应设计的需要。

创建复合字体的方法

操作步骤

01 执行“文字→复合字体”命令，弹出“复合字体编辑器”对话框，如图4-7所示。

图4-7

02 单击“新建（N）...”按钮，输入名称，如“微软雅黑 + Arial”，然后单击“确定”按钮，如图4-8所示。

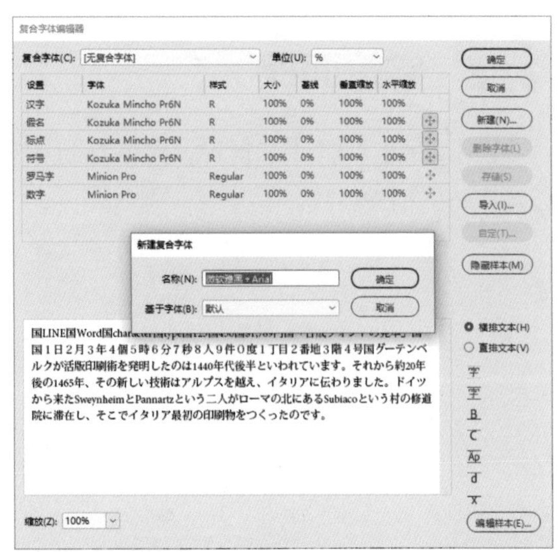

图4-8

03 在“复合字体编辑器”对话框中，分别设置汉字、标点、符号、罗马字（英文字）、数字等选项的字体属性。一般情况下，会为中文、标点、符号等，设置中文类型的字体（这里设置为微软雅黑字体），为罗马字和数字设置英文类型的字体（这里设置为Arial字体），如图4-9所示。

图4-9

04 单击“确定”按钮，弹出图4-10所示的提示保存设置对话框。单击“是”按钮，以存储所创建的复合字体设置，完成创建复合字体的过程。此时，在字体的菜单下会出现新建的复合字体，如图4-11所示。

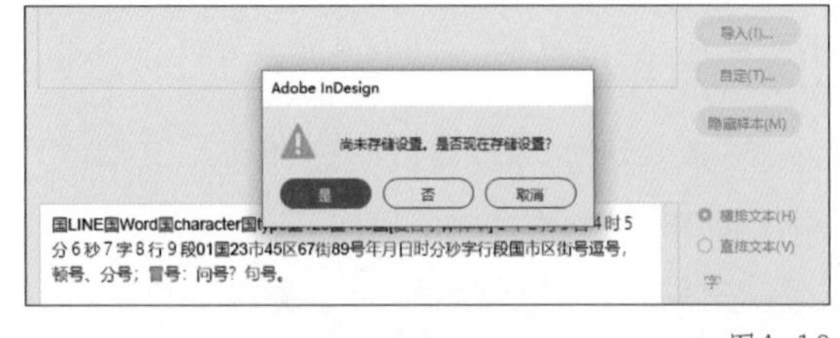

图4-10

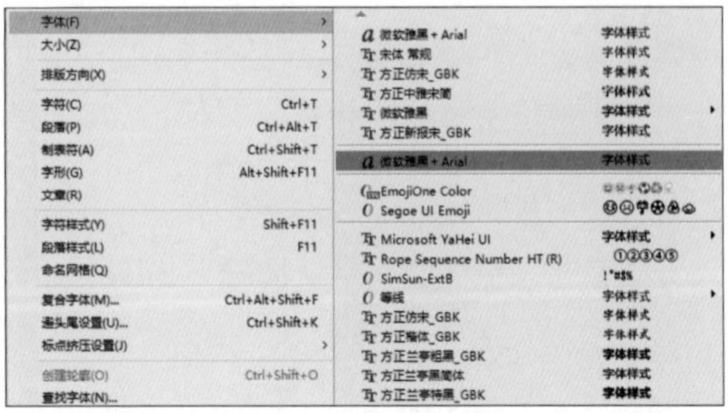

图4-11

4.2.2 行距

1. 关于行距

文字中相邻行的垂直间距称为行距。行距是一行文本的基线到上一行文本基线的距离。基线是一条无形的线，大多数字母（即不带字母下缘的字母）的底部均以它为准对齐。

默认的自动行距为文字大小的 120%（例如，10 点文字的行距为 12 点）。当使用自动行距时，InDesign CC 2019会在“字符”面板的行距菜单中将行距值显示在圆括号中，如图4-12所示。

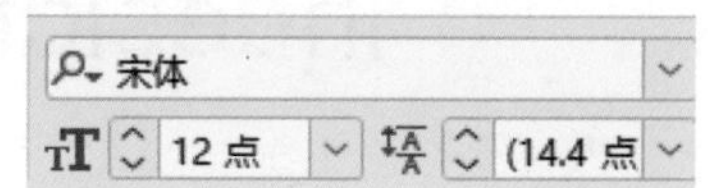

图4-12

2. 更改行距

行距是一种字符属性，这意味着可以在同一段落内应用多个行距值。一行文字中的最大行距值决定该行的行距。

更改所选文本行距，在其行距的输入框中直接输入数值即可。

4.2.3 字偶间距和字符间距

字偶间距是两个字符之间的间距；字符间距是选中的多个文字之间的间距。

调整字偶间距，将文字光标插入到两个字符之间，然后调整字偶间距的数值即可，如图4-13所示。

调整字符间距，选中所有需要调整的文字之后调整字符间距的数值，如图4-14所示。

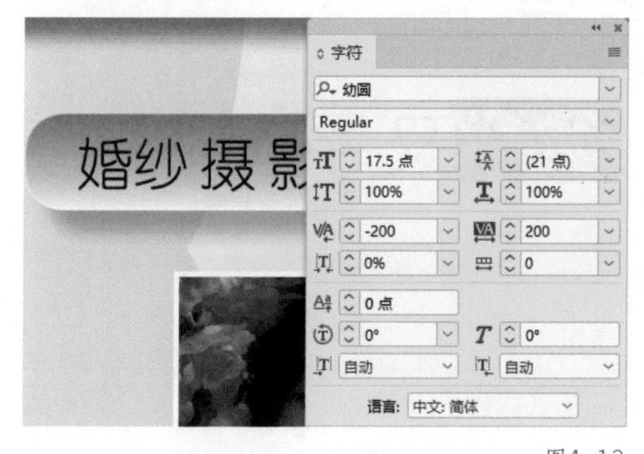

图4-13

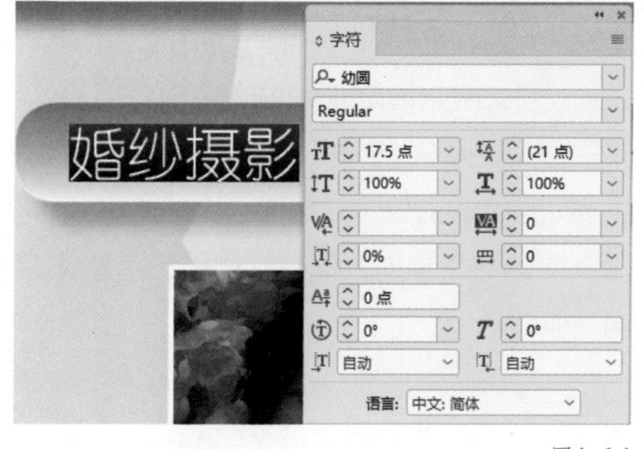

图4-14

4.2.4 应用下划线或删除线

为文字添加下划线或删除线的效果如图4-15所示。选择文本，在“字符”面板右上角菜单中，执行“下划线”或“删除线”命令。

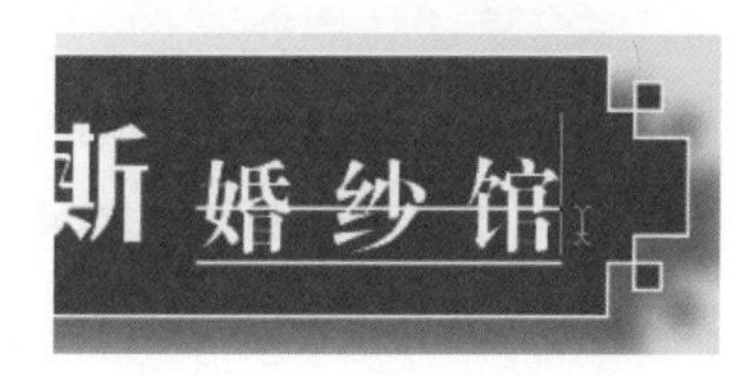

图4-15

4.2.5 更改文字的大小写

执行“全部大写字母”或“小型大写字母”命令，可以更改文本的外观而非文本本身。

选择文本“indesign”，在“字符”面板右上角菜单中，执行“全部大写字母”或“小型大写字母”命令，即可得到全部大写字母和小型大写字母，效果如图4-16所示。

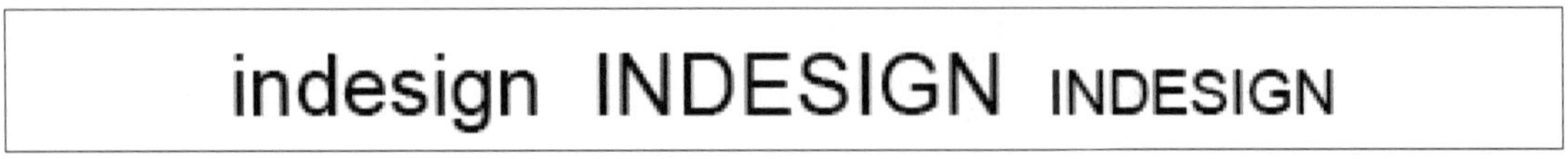

indesign INDESIGN INDESIGN

图4-16

4.2.6 缩放文字

垂直缩放和水平缩放可以改变文字的宽高比。无缩放字符的比例值为100%。缩放会使文字宽高比发生变化，如图4-17所示。选择要缩放的文本，在“字符”面板或控制面板中，更改垂直缩放IT或水平缩放T的百分比数值，即可让选中的文字缩放。

图4-17

4.2.7 倾斜文字

倾斜文字效果如图4-18所示。

选择要倾斜的文本，在“字符”面板中更改倾斜T的数值，即可让选中的文字倾斜。输入正值使文字向右倾斜，输入负值使文字向左倾斜。

图4-18

4.2.8 旋转字符

旋转文字效果如图4-19所示。

选择要旋转的文本,在“字符”面板中更改字符旋转 的数值，即可让选中的文字旋转。输入正值可以向左（逆时针）旋转字符；输入负值可以向右（顺时针）旋转字符。

图4-19

4.2.9 使用直排内横排

执行“直排内横排”（又称为“纵中横”或“直中横”）命令，可使直排文本中的一部分文本采用横排方式。该命令通过旋转文本改变直排文本框架中的半角字符（如数字、日期和短的外语单词）的方向，让内容更易于阅读，如图4-20所示。

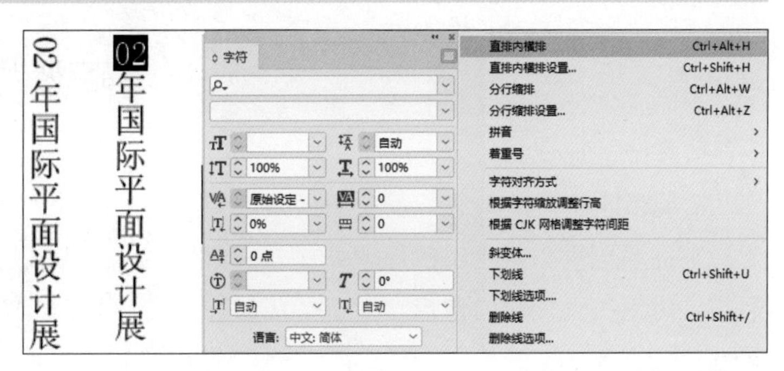

图4-20

应用直排内横排，首先选择要应用直排内横排的文本，然后在“字符”面板中，执行“直排内横排”命令即可。

4.3 段落面板

按【Ctrl】+【Alt】+【T】快捷键打开图4-21所示的“段落”面板，可以设置段落的相关参数。

❶段落对齐方式
❷左缩进
❸首行左缩进
❹段前间距
❺首行下沉的行数
❻右缩进
❼末行右缩进
❽段后间距
❾首字下沉的字符数

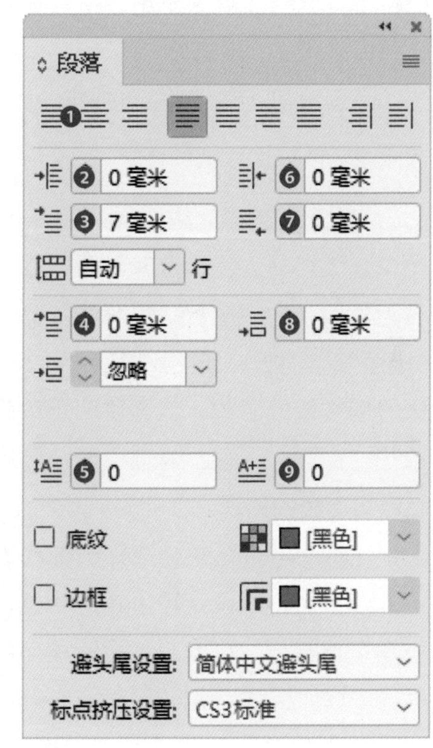

图4-21

在键盘上按下【Enter】键可生成一个新的段落。“段落”面板中所有的参数是针对整个段落进行设定的，而不是某个或某行的字符，这一点是和“字符”面板参数的本质区别。

在设置段落参数时，不需要将整体的段落全部选中，只需要将光标插入到段落中的任何一个位置即可设置此段落的参数。

4.3.1 调整段落间距

在InDesign CC 2019中可以控制段落间的间距量。段落首行在栏或框架的顶部，InDesign CC 2019 不会在该段落前插入额外间距。对于这种情况，可以在InDesign CC 2019中拖曳文本框的位置以调整间距量。

4.3.2 使用首字下沉

一次可以对一个或多个段落添加首字下沉。首字下沉的基线比段落第一行的基线低一行或多行，如图4-22所示。

实现首字下沉的效果，首先要使用文字工具在需要出现首字下沉的段落中单击，然后在“段落”面板中设置首字下沉的行数和首字下沉的字符数。

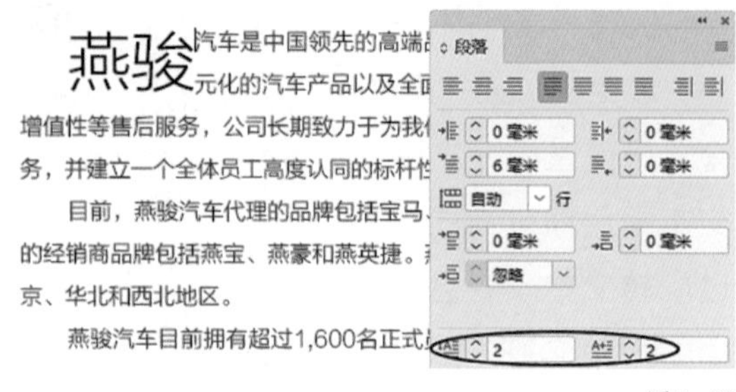

图4-22

4.3.3 添加段前线或段后线

段落线是一种段落属性，可随段落在页面中一起移动并适当调节长短。

在文档的标题中使用段落线，将段落线作为段落样式的一部分。

段落线的宽度由栏宽决定，如图4-23所示。

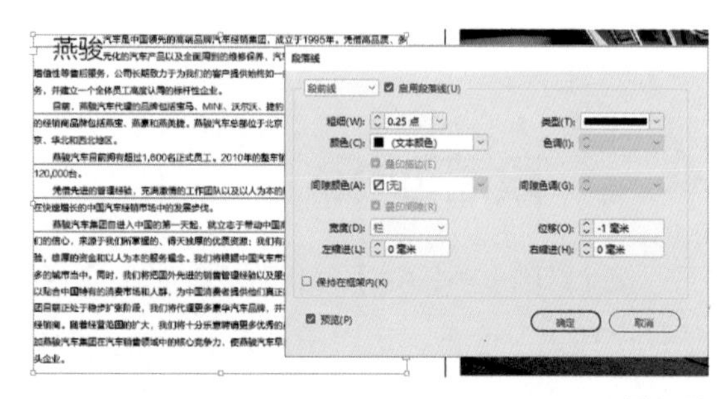

图4-23

1. 添加段前线或段后线

选择文本，在“段落”面板或控制面板右上角菜单中，执行“段落线”命令，弹出“段落线”面板，如图4-24所示，在顶部选择段前线或段后线，勾选“启用段落线”选项和“预览”选项。勾选“预览”后可随时查看段落线的外观。

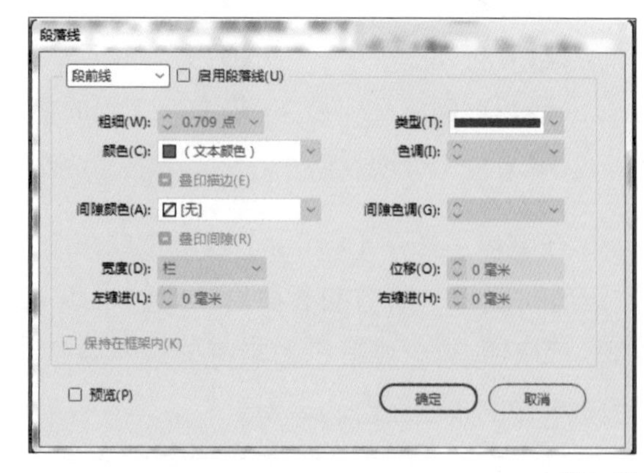

图4-24

在粗细设置框中，选择一种粗细效果或键入一个值，以确定段落线的粗细。在段前线中增加粗细，可向上加宽该段落线；在段后线中增加粗细，可向下加宽该段落线。确定段落线的垂直位置，在位移中键入一个值即可。在左缩进和右缩进中键入值，可设置段落线（而不是文本）向左缩进或向右缩进的尺寸。

为确保文本上方的段落线绘制在文本框架内，栏顶部的段落线与相邻的栏顶部文本对齐，需勾选“保持在框架内”选项。

2. 删除段落线

使用文字工具单击包含段落线的段落，在“段落”面板右上角菜单中，执行“段落线”命令，弹出“段落线”面板后，取消勾选“启用段落线”选项，单击“确定”按钮即可删除段落线。

4.3.4 创建平衡的大标题文本

在InDesign CC 2019中，可以实现跨越多行平衡未对齐的文本。此功能非常适合多行标题、引文和居中段落的页面，如图4-25所示。

使用文字工具单击要平衡的段落，在“段落”面板右上角的菜单中或控制面板中，执行“平衡未对齐的行”命令即可平衡段落。

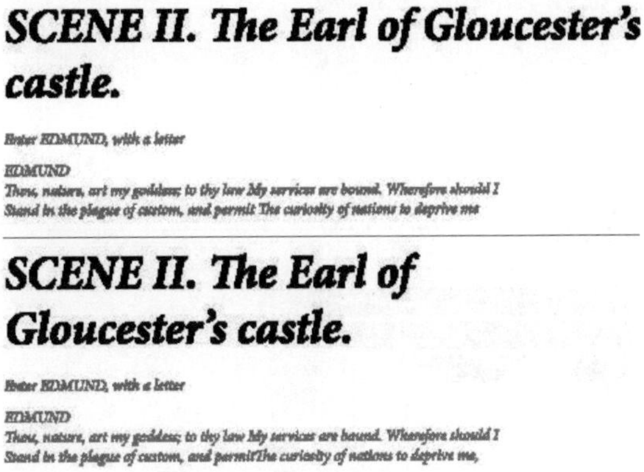

SCENE II. The Earl of Gloucester's castle.
Enter EDMUND, with a letter
EDMUND
Thou, nature, art my goddess; to thy law My services are bound. Wherefore should I
Stand in the plague of custom, and permit The curiosity of nations to deprive me
SCENE II. The Earl of Gloucester's castle.
Enter EDMUND, with a letter
EDMUND
Thou, nature, art my goddess; to thy law My services are bound. Wherefore should I
Stand in the plague of custom, and permitThe curiosity of nations to deprive me,

图4-25

提示 只有“对齐方式”设置为“左/顶对齐”“居中对齐”或“右/底对齐”时，“平衡未对齐的行”命令才有效。

4.3.5 制表符概述

制表符可以将文本定位在文本框中特定的水平位置。

制表符对整个段落起作用，可以设置左齐、居中、右齐、小数点对齐或特殊字符对齐等制表符。选择需要使用制表符定位的文本，按【Ctrl】+【Shift】+【T】快捷键，打开“制表符”面板，如图4-26所示。

❶ 段落对齐方式
❷ 左缩排
❸ 首行左缩进
❹ 段前间距

制表符
X: 74.789 毫
前导符:
对齐位置:
0 10 20 30 40 50 60 70
第一章..............InDesign 简介
第二章..............版面简介
第三章..............主页

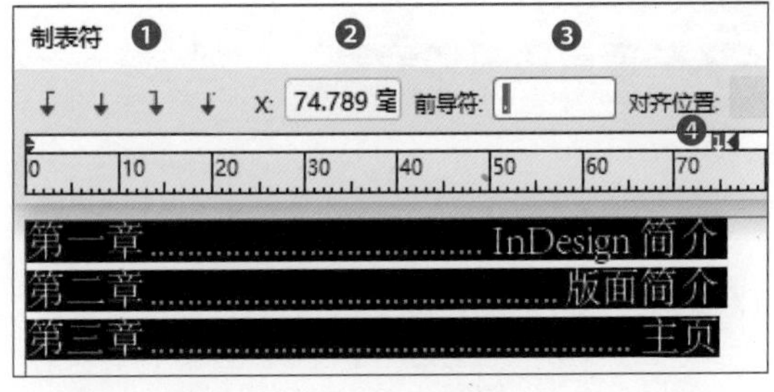

图4-26

制表符的用法

操作步骤

01 在文本框中输入图4-27所示的文字，注意在“第一章”和“InDesign简介”中按一下键盘的【Tab】键以插入一个表格标记。

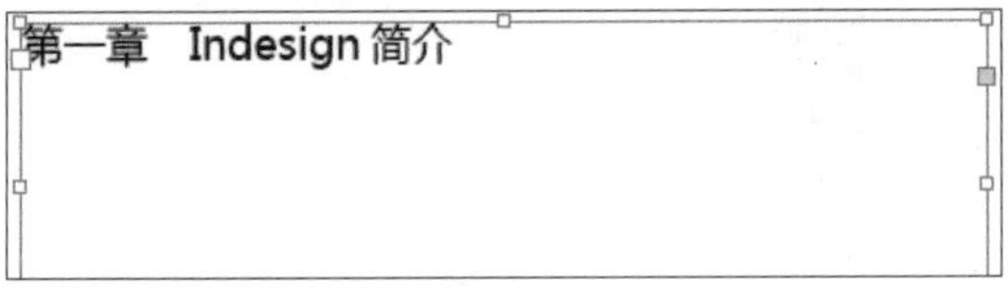

第一章 Indesign 简介

图4-27

02 按【Enter】键换行，同理输入其他行的文字，如图4-28所示。

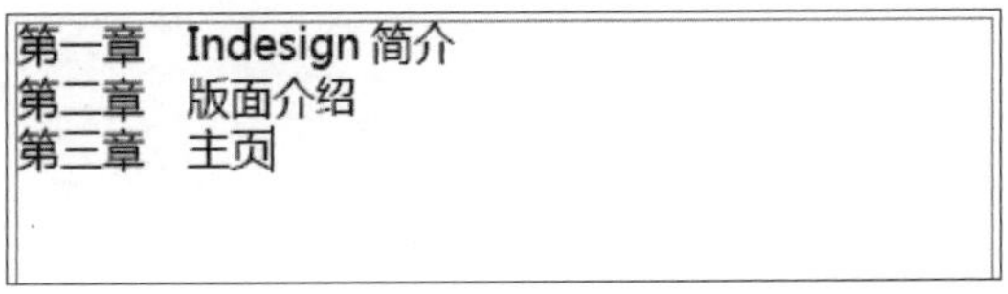

第一章 Indesign 简介
第二章 版面介绍
第三章 主页

图4-28

03 使用文字工具选择输入的文字，按【Ctrl】+【Shift】+【T】快捷键，弹出“制表符”面板，如图4-29所示。可以看到制表符的标尺宽度和文本框的范围同宽。

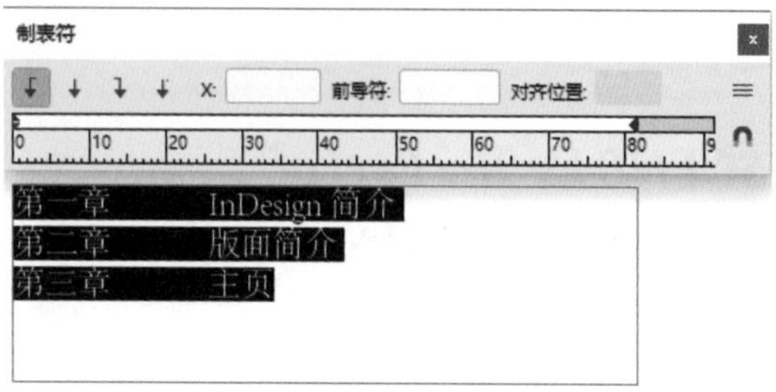

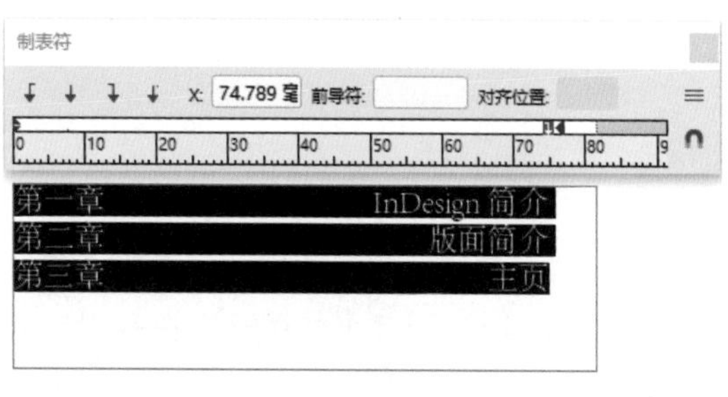

图4-29

04 在定位标尺上单击，以添加一个制表符对齐标记（默认为右对齐），发现【Tab】标记后面的文字响应了制表符标记的位置，如图4-30所示。

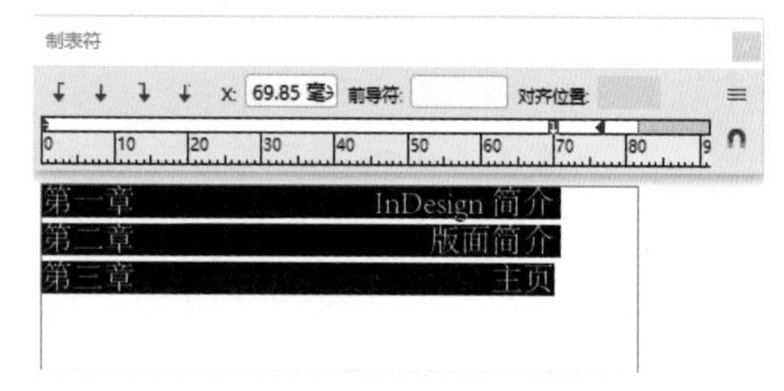

图4-30

05 挪动制表符的位置来控制文字的位置，如图4-31所示。

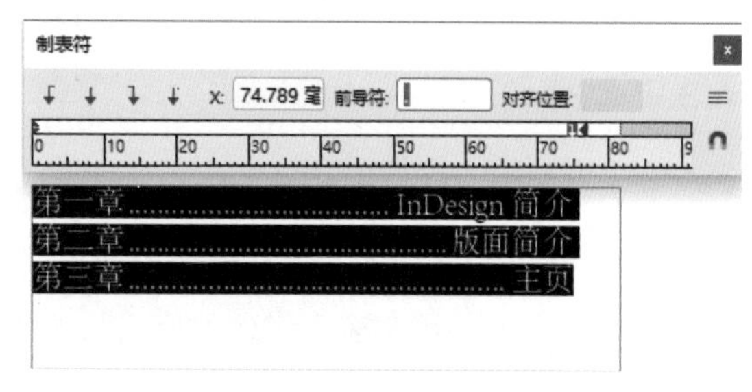

图4-31

06 保持制表符对齐标记选中的情况下，在“前导符”的输入框中输入一个“.”符号，按下【Enter】键，效果如图4-32所示。

图4-32

4.3.6 项目符号和编号

在项目符号列表中，每个段落的开头都有一个项目符号字符，如图4-33所示。

要为文字添加项目符号，首先选中文字，然后在控制面板中单击“项目符号列表”按钮，如图4-34所示。

图4-33

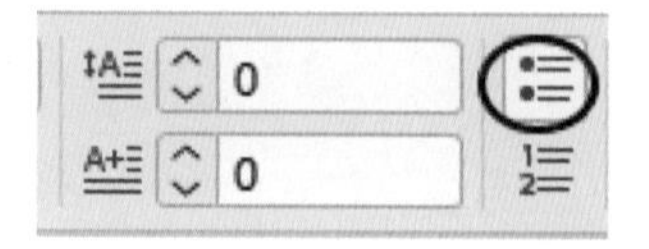

图4-34

要为文字添加编号，首先选中文字，然后在控制面板中单击“编号列表”按钮，如图4-35所示。

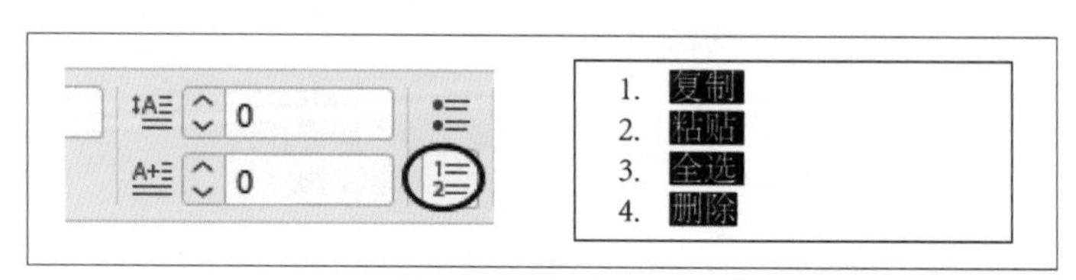

图4-35

修改默认的列表效果，选中已应用列表效果的文字，执行“段落”面板右上角菜单里的“项目符号和编码”命令，弹出“项目符号和编号”面板，如图4-36所示。在其中设置列表类型为编号，格式为阿拉伯数字、大写字母、小写字母等。图4-37所示为修改格式为大写字母的效果。

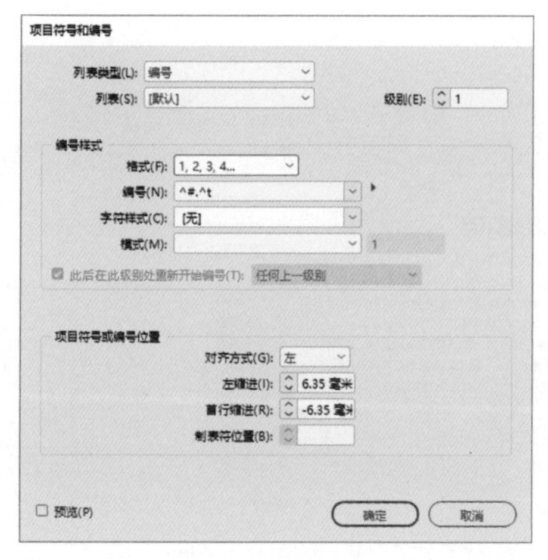

图4-36

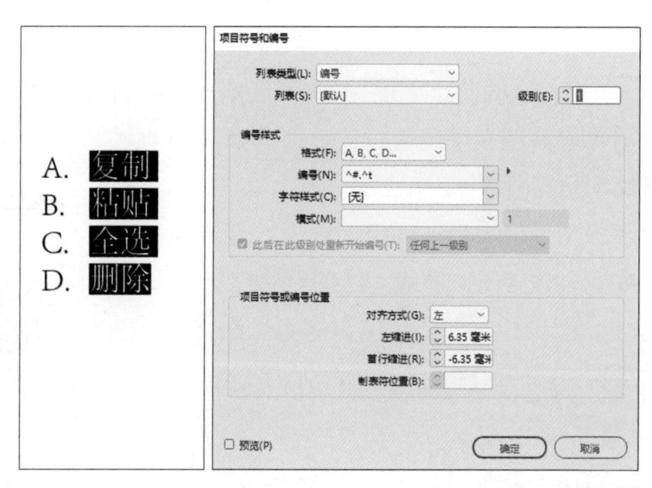

图4-37

4.3.7 使用避头尾设置

在文字排版时，标点符号可能出现在段落文本的前面，如图4-38所示，这样不符合行文的规范，可以使用避头尾设置来规避这种现象。

选中段落或框架，在“段落”面板中，从避头尾设置下拉列表中选择一个选项，如在中文排版情况下选择“简体中文避头尾”选项，如图4-39所示。

修改默认的列表效果，选中已应用列表效果的文字，执行“段落”面板右上角菜单里的“项目符号和编码”命令，弹出“项目符号和编号”面板，如图4-36所示。在其中设置列表类型为编号，格式为阿拉伯数字、大写字母、小写字母等。

图4-38

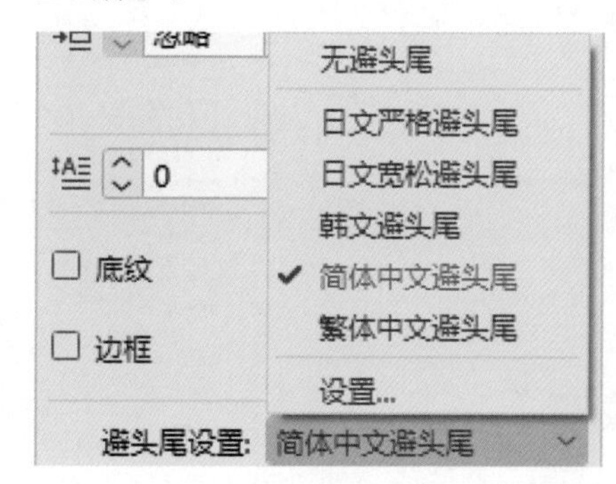

图4-39

4.4 字符样式

字符样式是指通过一个步骤就可以应用于文本的一系列字符格式属性的集合。例如，在一个文档中对某个部分的文字设定了属性后，想在同一个设计稿件中其他地方也使用这种属性，就可以将它定义为一种字符样式。

4.5 段落样式

段落样式和字符样式的意思及操作方式基本相同，唯一的区别是字符样式仅仅针对选中的文字进行应用，而段落样式是针对一个整体段落的格式设定。在应用段落样式时，不一定非要选中具体的某个或某段文字，只需要将光标插入到某一段文本中即可。

在具体的设计实战中，通常会根据文字的层次来设定多个段落样式，这样非常方便对文字格式进行修改和更新。图4-40所示为排版一本书时，为不同级别的文字设定的段落样式。有关段落样式的详细用法在InDesign CC 2019设计实战篇的案例中详细讲解，这里只讲解段落样式的设定方法。

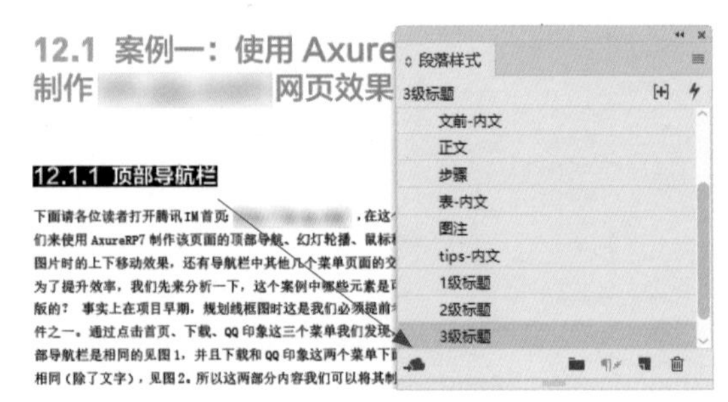

图4-40

设定段落样式

操作步骤

01 首先，选中要定义段落样式的文本，然后，单击“段落样式”面板中右上角菜单，执行“新建段落样式”命令，如图4-41所示。

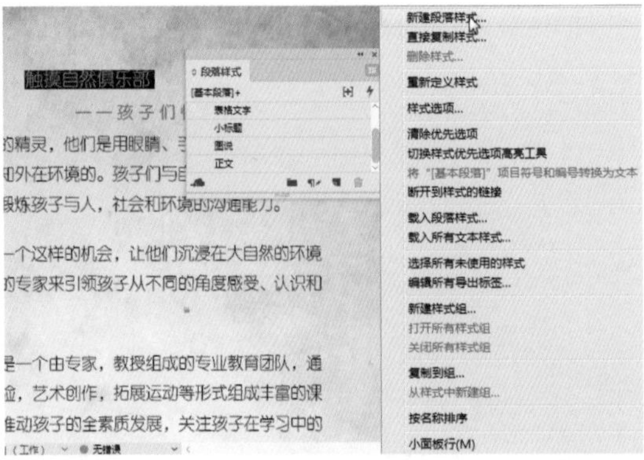

图4-41

02 由于选中的文本已有段落样式，所以在弹出的面板中，只需为当前样式起名字，如“大标题样式”，无需其他设定，直接单击“确认”按钮即可完成创建过程，如图4-42所示。

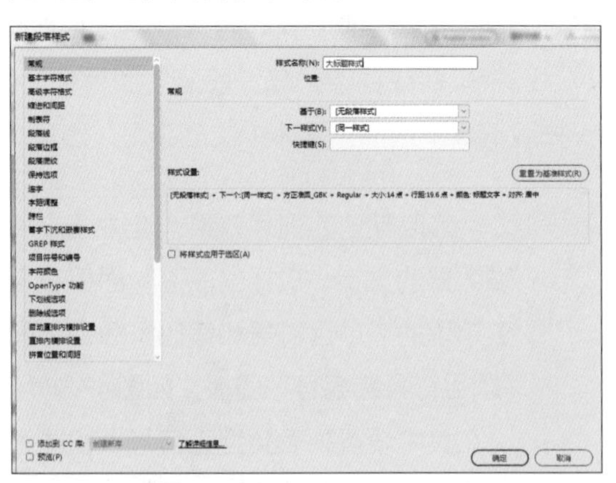

图4-42

03 可以看到“段落样式”面板中出现新建的“大标题样式”段落样式，如图4-43所示。

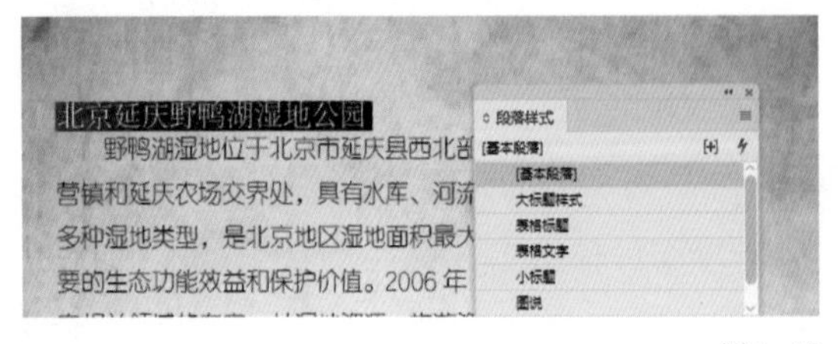

图4-43

04 选中下一页的大标题“北京延庆野鸭湖湿地公园”，单击“段落样式”面板中的“大标题样式”段落样式，即可应用新的样式效果，如图4-44所示。

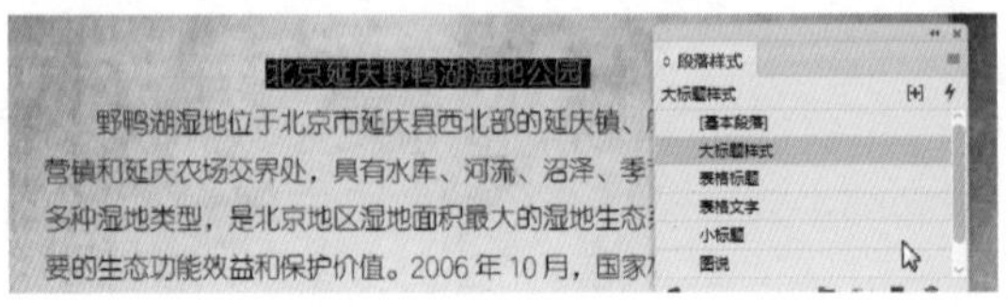

图4-44

4.6 串接文本

框架中的文本可独立于其他框架，也可在多个框架之间连续排文。要在多个框架（也称为文本框）之间连续排文，必须先连接这些框架。连接的框架可位于同一页或跨页，也可位于文档的其他页。在框架之间连接文本的过程称为“串接文本”，也称为“链接文本框架”或“链接文本框”。

每个文本框架都包含一个入口和一个出口，这些端口用来与其他文本框架进行连接。空的入口或出口分别表示文章的开头或结尾。端口中的箭头表示该框架链接到另一框架。出口中的红色“+”号表示该文章中有更多要置入的文本，但没有更多的文本框架可放置文本，这些剩余的不可见文本称为溢流文本。

使用“置入”命令置入的多个页面间的文本框，默认情况下就是串接文本状态。执行“视图→其他→显示文本串接”命令，可查看串接的状态，如图4-45所示。

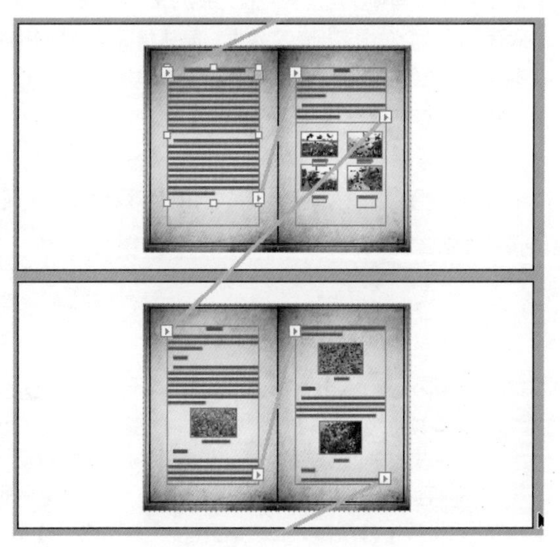

图4-45

4.7 文本绕排

在一段文字中插入一张图片时，可以为这张图片设置不同的绕排效果。图4-46所示为导入位图后控制面板中的绕排功能选项。

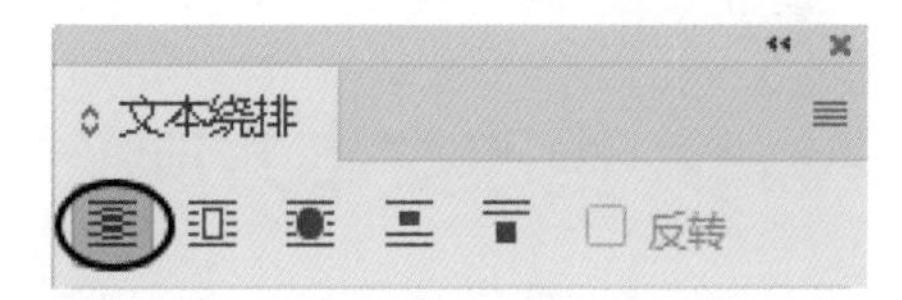

图4-46

图4-47~图4-50展示文本绕排的4种效果。

无文本绕排

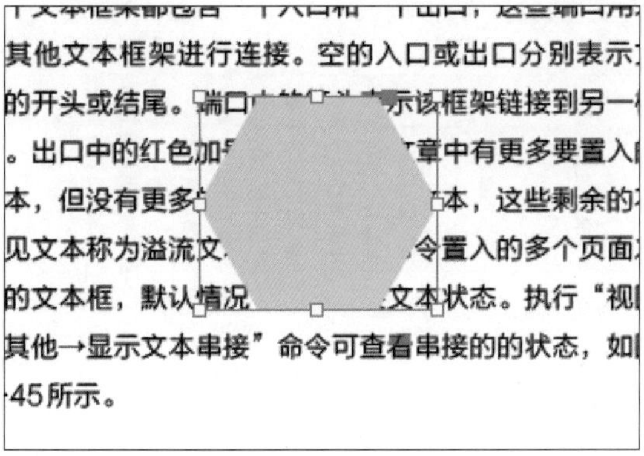

图4-47

沿定界框绕排

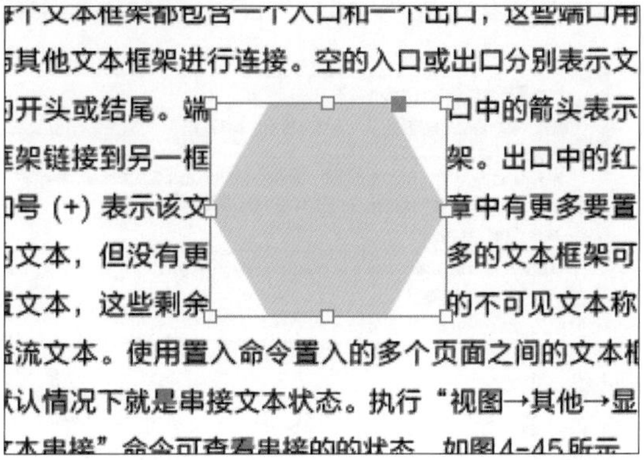

图4-48

沿对象形状绕排

图4-49

上下型绕排

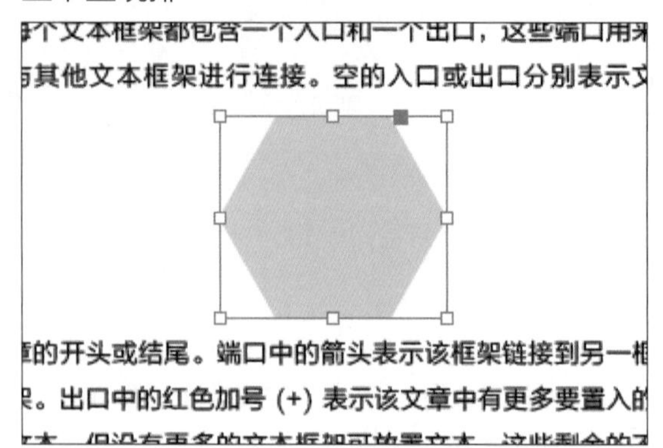

图4-50

改变绕排的具体参数，例如改变图形与文字之间的间距，执行“窗口→文本绕排”命令，打开“文本绕排”面板，在其中设置其参数，如图4-51所示。

图4-51

4.8 更改文本方向

在InDesign CC 2019中选择文本框架，执行“文字→排版方向→水平”或“文字→排版方向→垂直”命令，可改变文本的排列方向，如图4-52所示。更改文本框架的排版方向，将导致整篇文章被更改，所有与选中框架串接的框架都会受到影响。

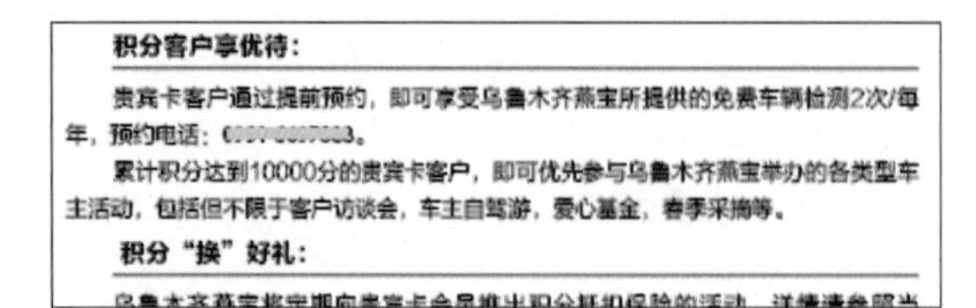

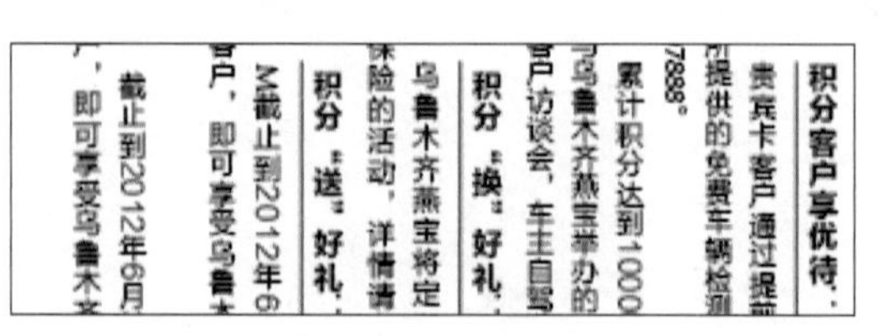

图4-52

提示 要更改框架中单个字符的方向，使用“直排内横排”功能或“字符”面板中的“字符旋转”功能即可。

4.9 字数统计

选中需要统计字数的文字，执行“窗口→信息”命令，打开图4-53所示的“信息”面板。“信息”面板会显示针对字符类型的字数统计（例如全角字符数和汉字字符数），罗马字字数统计、行数、段落数和总字数统计等信息。

框架网格底部也会显示字数统计信息，如图4-54所示。

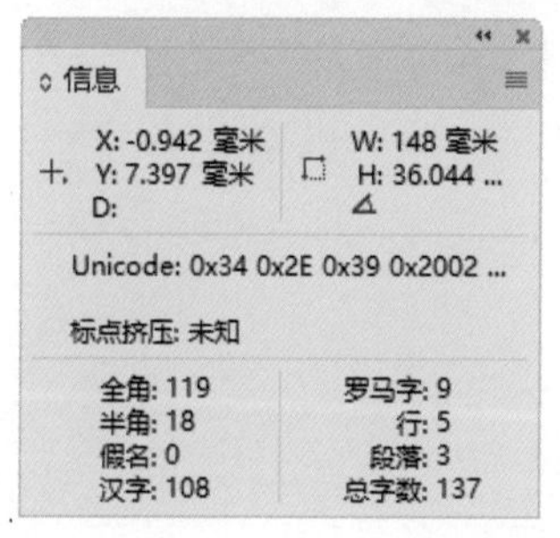

图4-53

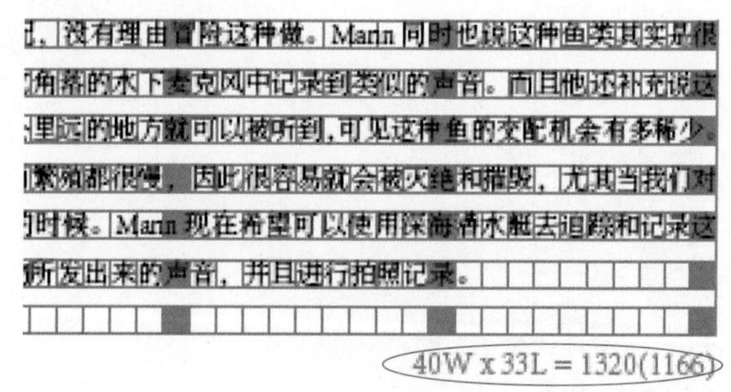

图4-54

4.10 查找和更改条件文本

在InDesign CC 2019中，排版大量文本，会出现重复需要更改的内容或一些不易找到的内容，“查找/更改”对话框就显得尤为重要，通过此对话框可以快速查找想要找到或更改的内容。

“查找/更改”对话框包含多个选项卡，可在InDesign CC 2019打开的页面中指定要查找或更改的内容、格式等，如图4-55所示。

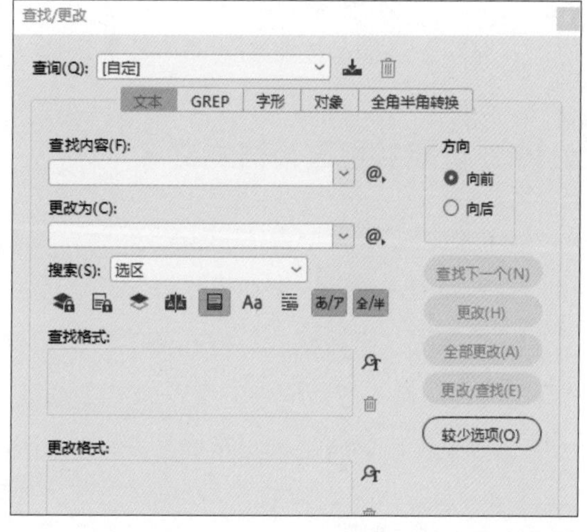

图4-55

提示 如果希望列出、查找并替换文档中的字体，则使用“查找字体”命令，而不是“查找/更改”命令。

4.10.1 查找和更改文本

（1）要搜索一定范围的文本或某篇文章，需要选择该文本或将插入点放在文章中。要搜索多个文档，需要打开相应文档。

（2）执行“编辑→查找/更改”，然后单击“文本”选项卡。

（3）从“搜索”菜单中指定搜索范围，然后单击相应图标以包含锁定图层、主页、脚注和要搜索的其他项目。

（4）要查找内容，在查找内容框中，输入要搜索的内容,键入或粘贴要查找的文本；搜索或替换制表符、空格或其他特殊字符，在查找内容框右侧的弹出菜单中，选择具有代表性的字符（元字符）；还可以执行意数字或任意字符等通配符选项，如图4-56所示。

（5）在更改为输入框中，键入或粘贴替换文本。还可以从更改为框右侧的弹出菜单中，选择具有代表性的字符。

（6）单击“查找”按钮。若继续搜索，单击“查找下一个”按钮、“更改”（更改当前实例）按钮、“全部更改”（出现一则消息，指示更改的总数）按钮或“查找/更改”（更改当前实例并搜索下一个）按钮即可。

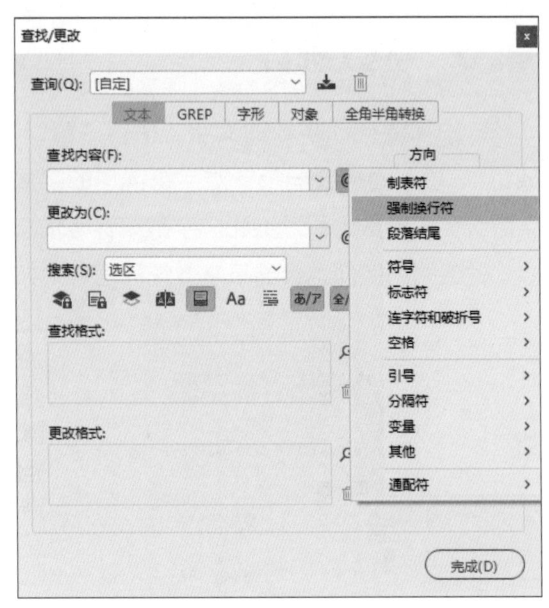

图4-56

（7）查找或更改完内容，单击“完成”按钮。如果改变内容后，发现替换文本错误，则执行“编辑→还原替换文本”命令即可还原。

4.10.2 查找并更改带格式文本

（1）执行“编辑→查找/更改”。

（2）如果未出现“查找格式”和“更改格式”选项，单击“更多选项”。

（3）单击“查找格式”框右侧的“指定要查找的属性”图标，如图4-57所示。在弹出的“查找格式设置”对话框中的字符样式或段落样式下拉菜单中选择一种样式，或在其他的选项卡中选择某种字体属性作为查找的条件，如图4-58所示。

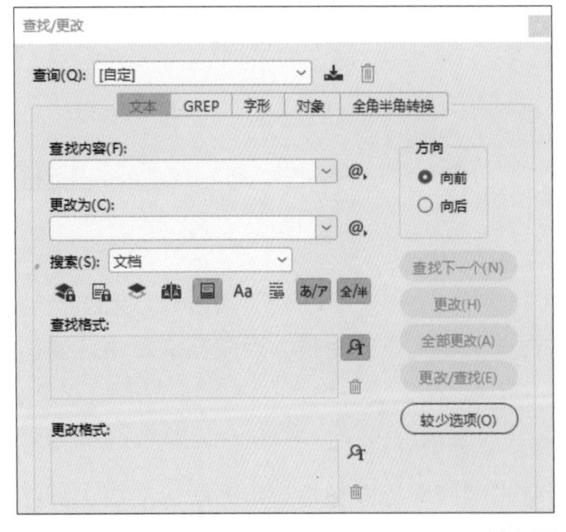

图4-57

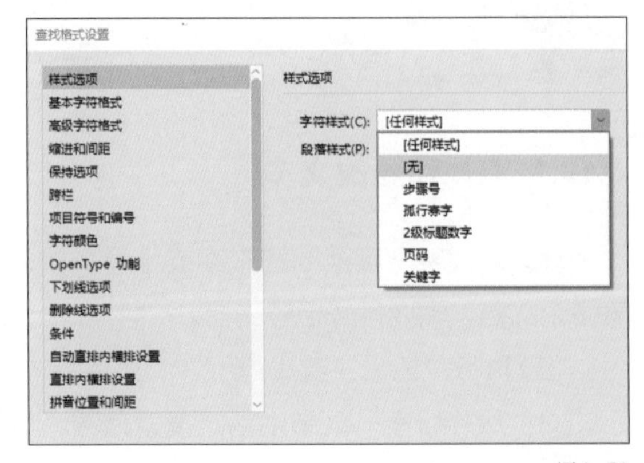

图4-58

（4）单击更改格式框右侧的指定要查找的“属性”按钮，在弹出的“更改格式设置”对话框中设置需要更改的格式选项。

（5）单击“查找”按钮，然后单击“更改”按钮，或直接单击“全部更改”按钮即可完成替换的过程，如图4-59所示。

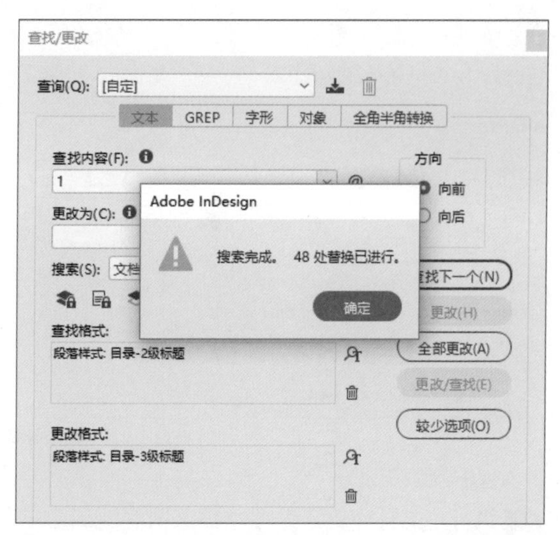

图4-59

4.11 实训案例：婚纱馆宣传单页制作

目标：通过制作图4-60所示的宣传单页，初步熟悉InDesign CC 2019的基本环境、操作方式，以及基本图形工具、钢笔工具、文字工具、“渐变”面板的使用，还可以练习InDesign CC 2019和Photoshop的结合使用。

图4-60

操作步骤

01 新建一个文档，设置其页数为1，尺寸为W285毫米 × H210毫米，页面方向为横向，如图4-61所示。

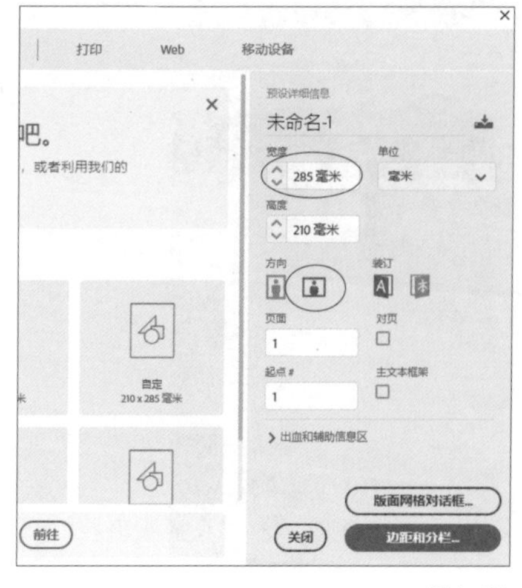

图4-61

提示 国际标准的A4尺寸为210毫米×297毫米，但是在我国一般使用210毫米×285毫米。这是因为印刷中“合开”的需要。有关“合开”的详细知识，请参考《从设计到印刷》一书。因为当前是设计一个单页，没有必要定义版心，所以边距的数值设置为0。版心根据不同情况进行设定，没有固定的数值。

02 单击“边距与分栏...”按钮，在其中设置边距数值为0，如图4-62所示。

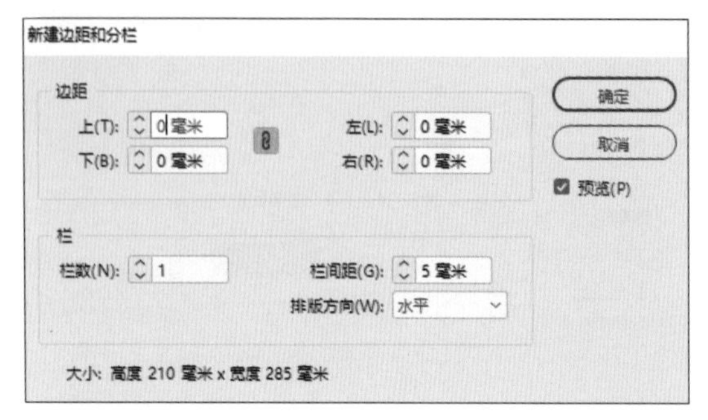

图4-62

03 单击“确定”按钮，页面创建完成，如图4-63所示。

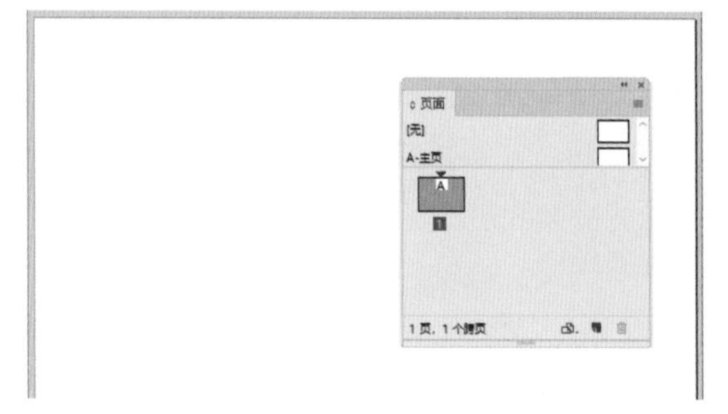

图4-63

04 执行“文件→置入”命令导入图4-64所示的照片。

图4-64

05 执行“对象→变换→水平翻转”命令，效果如图4-65所示。

图4-65

06 按住【Ctrl】+【Shift】键，同时使用移动工具向右上方拖曳图4-66所示的图文框控制点，使图片等比例放大。

图4-66

07 使用直接选择工具，在图文框的锚点上单击选中它，然后挪动锚点的位置，改变图文框的形状，如图4-67所示。

图4-67

08 使用钢笔工具为图文框添加锚点，如图4-68所示。

图4-68

09 使用直接选择工具挪动锚点的位置，如图4-69所示。

图4-69

10 使用转换点工具，将直线锚点转换为曲线锚点，然后使用直接选择工具调整其形状，如图4-70所示。

图4-70

11 经过调整，得到一条和人物曲线基本相符的路径形状，如图4-71所示。

图4-71

12 将当前图片挪动到页面中合适的位置，单击工具箱中的“预览”按钮，观察成品的效果。此时页面中的辅助线（出血、边距等）消失，看到不带干扰的效果，如图4-72所示。

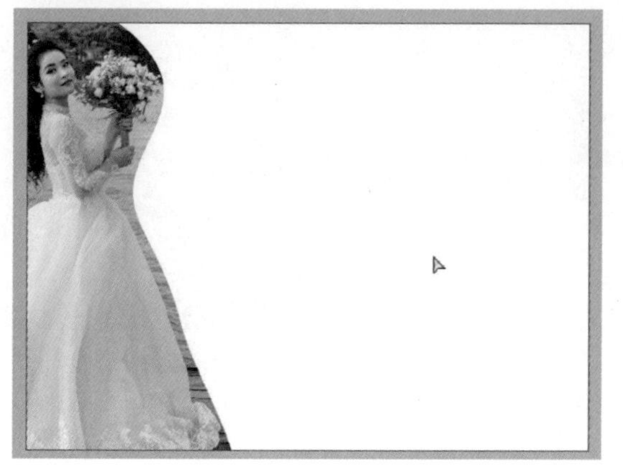

图4-72

13 默认情况下，InDesign CC 2019会以典型显示的方式显示导入的位图。有时发现InDesign CC 2019文档中的图片不清晰，可能是因为InDesign CC 2019为加快屏幕的刷新速度，以典型显示方式显示图片，如果想查看高清的预览效果，可执行“对象→显示性能→高品质显示”命令，来改变预览效果，如图4-73所示。

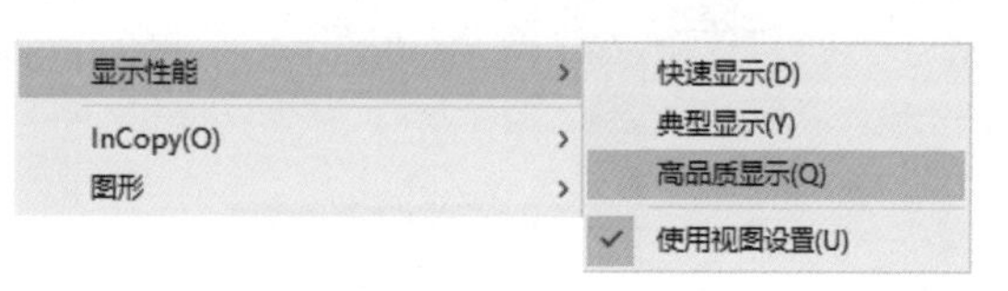

图4-73

14 按住【Alt】+【Shift】键的同时使用移动工具向右拖曳当前图片，得到水平复制的一个新图片，如图4-74所示。

图4-74

15 删除其中的图片，保留框架的路径对象。使用移动工具挪到图文框的中间位置，当出现手形图标时单击，即可选中图文框中的图片，如图4-75所示。

图4-75

16 按【Delete】键删除图片，如图4-76所示。

图4-76

17 单击“渐变”按钮，为当前路径填充从黑色到白色的渐变效果，如图4-77所示。

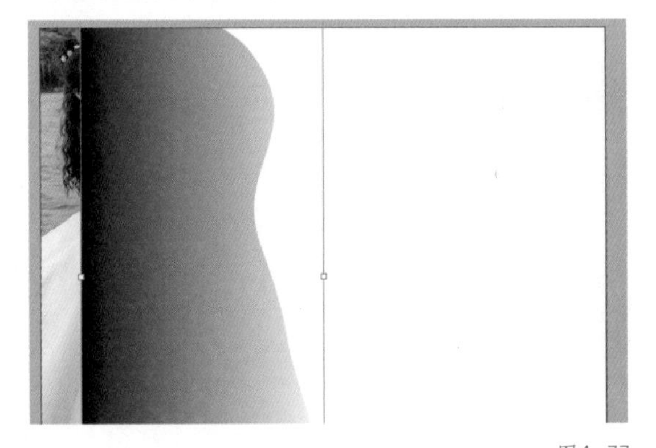

图4-77

18 双击工具箱中的“渐变”按钮，弹出图4-78所示的“渐变”面板，在其中设置渐变的角度为180°来改变渐变的方向。要改变渐变的颜色，首先单击黑色的渐变滑块，然后打开“颜色”面板，对其进行设置。

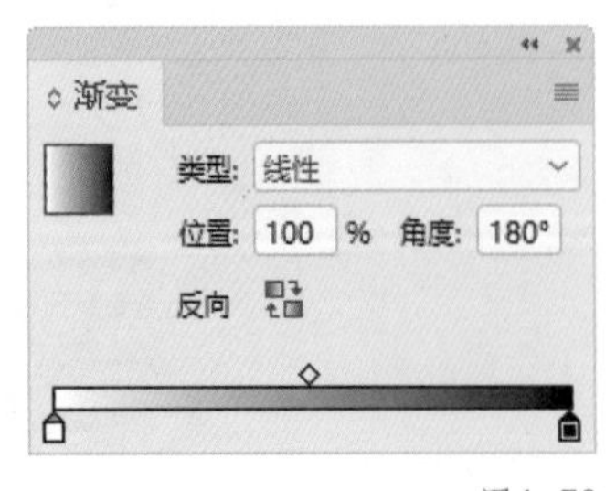

图4-78

19 设置色彩模式为CMYK，然后在“色彩”面板的渐变条上吸取一个较浅的粉紫色，如图4-79所示。

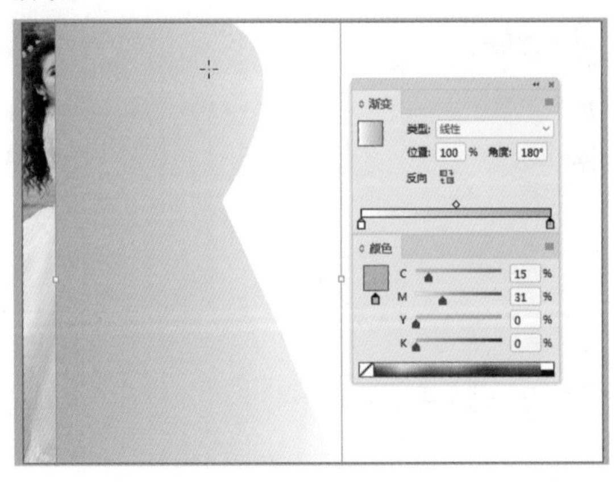

图4-79

20 选中渐变对象，按【Ctrl】+【Shift】+【[】快捷键，将当前的渐变对象放到最底层，如图4-80所示。

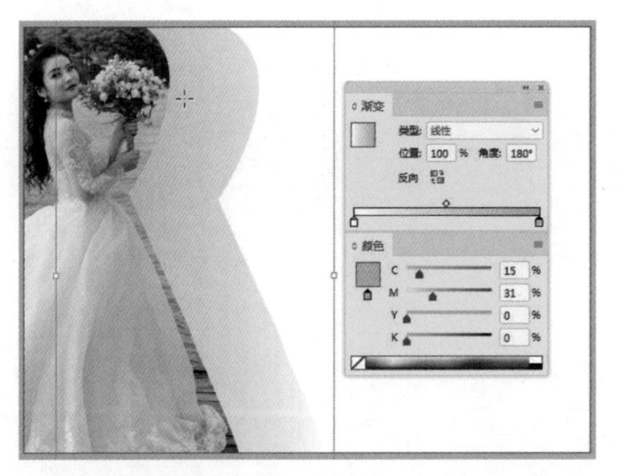

图4-80

21 按【Alt】+【Shift】键的同时使用移动工具将渐变对象向右复制三个，并对它们进行排列，将它们依次放到其他图形的最底层，效果如图4-81所示。

图4-81

22 使用矩形工具绘制一个矩形并将其调整到合适位置，如图4-82所示。

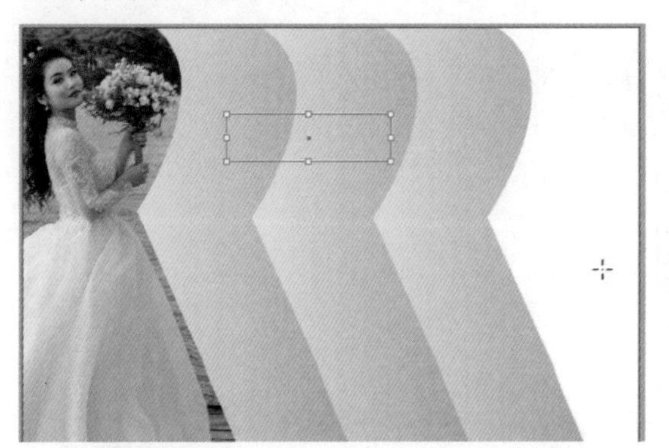

图4-82

23 在控制面板中设置矩形边角的样式为花式，并为其填充紫色，如图4-83所示。

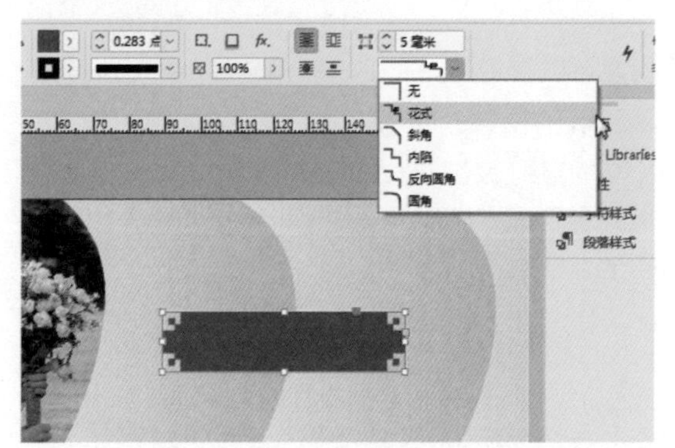

图4-83

24 执行“对象→效果→投影”命令，将其不透明度略微调低，改变其投影的颜色为深紫色，其他如角度、距离和大小等可酌情处理，如图4-84所示。

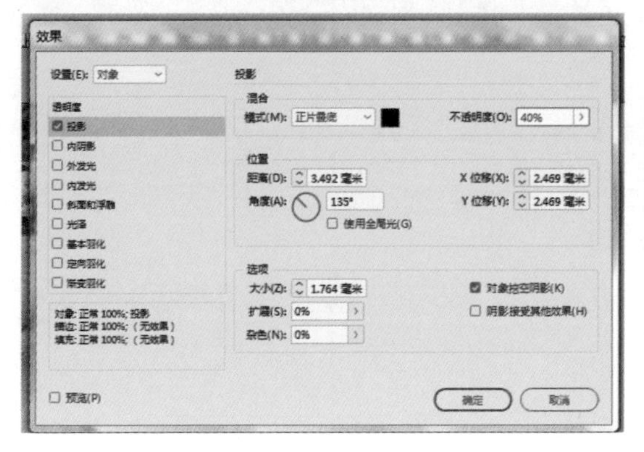

图4-84

25 此时，最初绘制的矩形效果如图4-85所示。

图4-85

26 为紫色图形添加描边，在“描边”面板中改变矩形描边线条的粗细为0.75点，以增强描边效果，如图4-86所示。

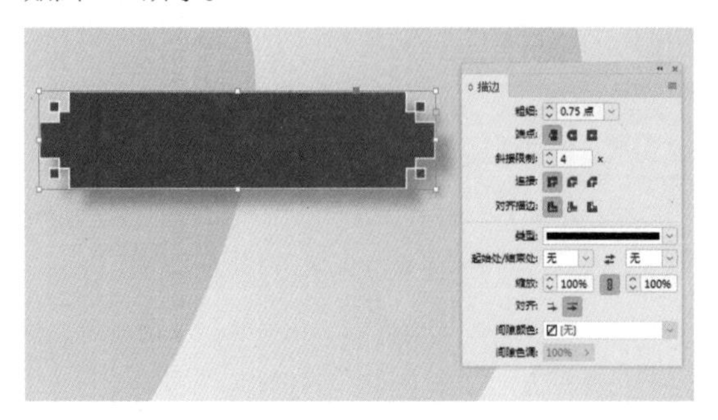

图4-86

27 使用文字工具在紫色图形上绘制一个文本框，在其中输入“普罗旺斯婚纱馆”几个字，如图4-87所示。

图4-87

28 设置“普罗旺斯”四个字的字体为方正粗活意简体，字号为30，如图4-88所示。

图4-88

29 设置“婚纱馆”三个字为方正大标宋简体，字号为24，每个字之间用空格隔开，如图4-89所示。

图4-89

30 可以看到前后文字字号不一样时，它们的基线是错开的。在“字符”面板中调整“婚纱馆”三个字的基线偏移数值为负数来调整效果，如图4-90所示。

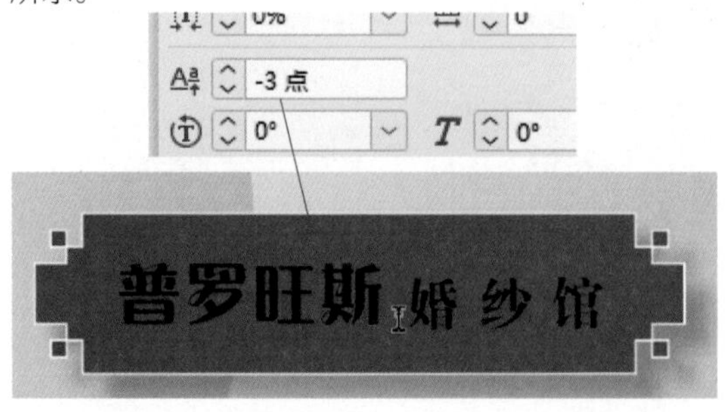

图4-90

31 调整完毕后，将紫色的图形和文字同时选中，按【Ctrl】+【G】快捷键将它们编组，以便操作，如图4-91所示。

图4-91

32 使用矩形工具在图4-92所示的位置创建一个矩形。

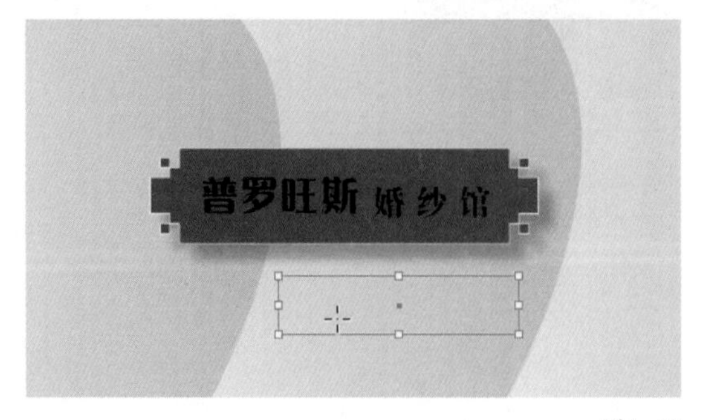

图4-92

33 设置矩形的边角为圆角的效果，如图4-93所示。

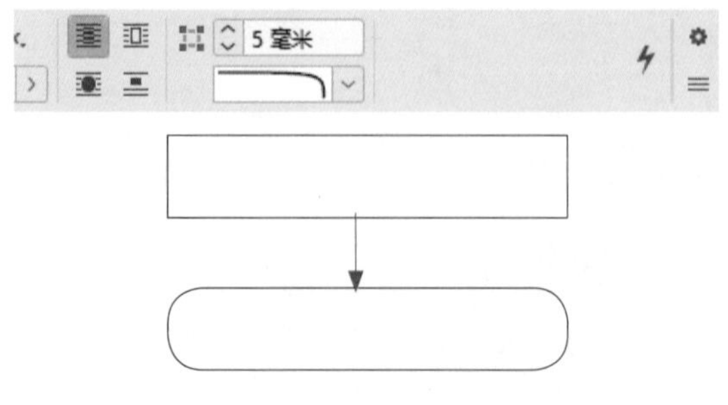

图4-93

34 为圆角矩形填充一个从白色到紫色的渐变效果，如图4-94所示。

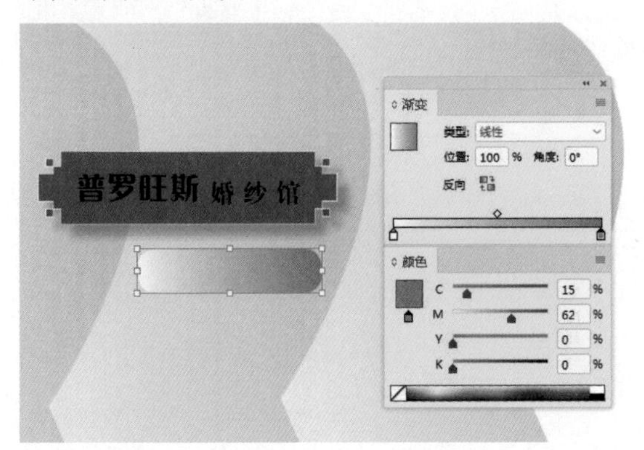

图4-94

35 在“渐变”面板中改变其渐变角度为90°，如图4-95所示。

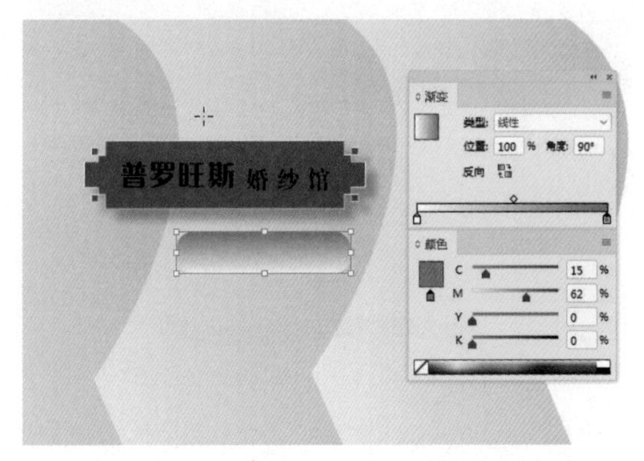

图4-95

36 为圆角矩形添加投影的效果，如图4-96所示。

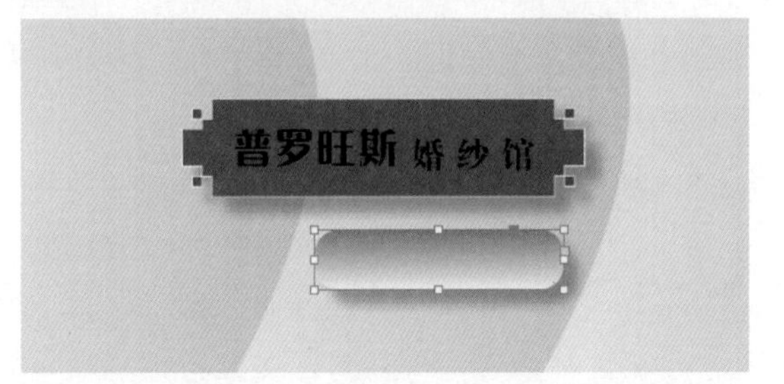

图4-96

37 将其复制，得到2个相同的圆角矩形，如图4-97所示。

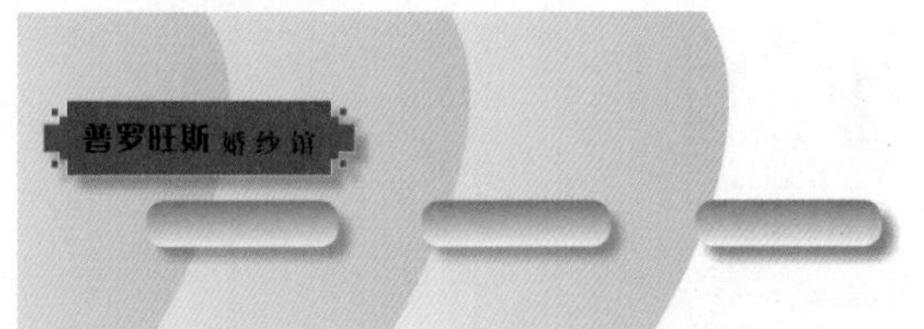

图4-97

38 将3个圆角矩形全部选中，执行“属性面板→水平居中分布”命令，使它们的间距相等，如图4-98所示。

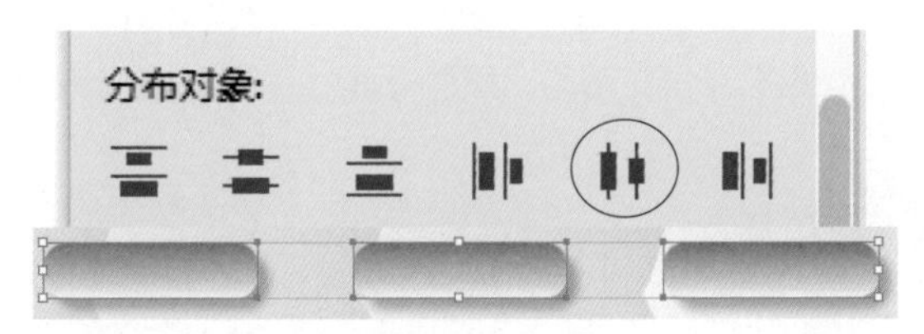

图4-98

39 使用文字工具，在圆角矩形上输入“婚纱摄影”4个字，在控制面板中调整其字体和大小，如图4-99所示。

图4-99

40 同理，在其他几个圆角矩形上输入文字，如图4-100所示。

图4-100

41 使用钢笔工具在页面中合适的位置绘制路径，如图4-101所示。

图4-101

42 使用沿路径排文工具，在路径上输入图4-102所示的文字。

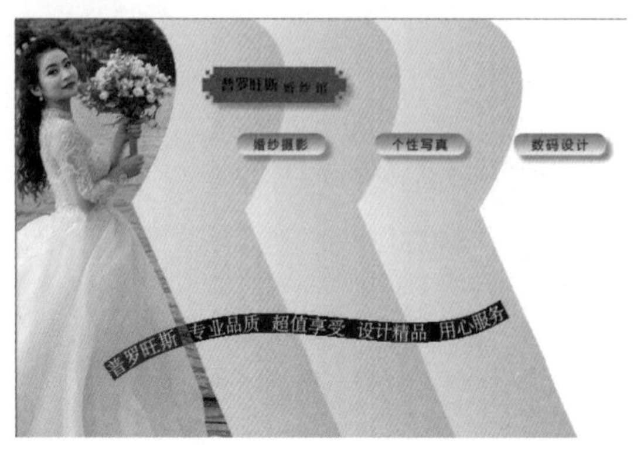

图4-102

43 设置路径上文字字体为方正行楷，填充颜色为白色，线框颜色为浅紫色，如图4-103所示。

图4-103

44 使用直接选择工具，选中之前钢笔绘制的路径，然后设置其线框颜色为无，如图4-104所示。

图4-104

45 打开预览模式，查看路径文字的效果，并适当调节文字位置，如图4-105所示。

图4-105

46 使用矩形工具，绘制图4-106所示的图形，如果使用移动工具挪动它会发现页面中出现“自动对齐”和“智能等距”的提示。这个功能非常便利，可根据实际情况灵活的运用它们。

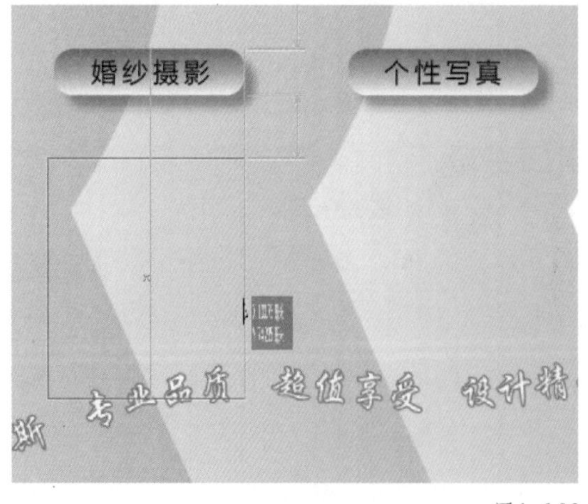

图4-106

47 为矩形填充黑色，线框设置为白色，然后添加一个投影的效果，如图4-107所示。

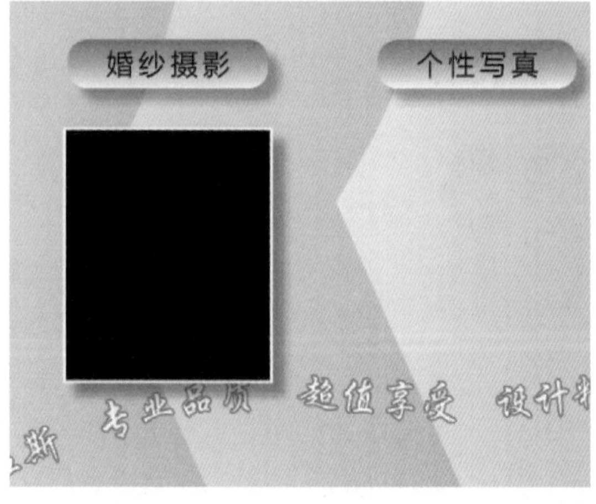

图4-107

48 对应圆角矩形，复制2个新的矩形，如图4-108所示。

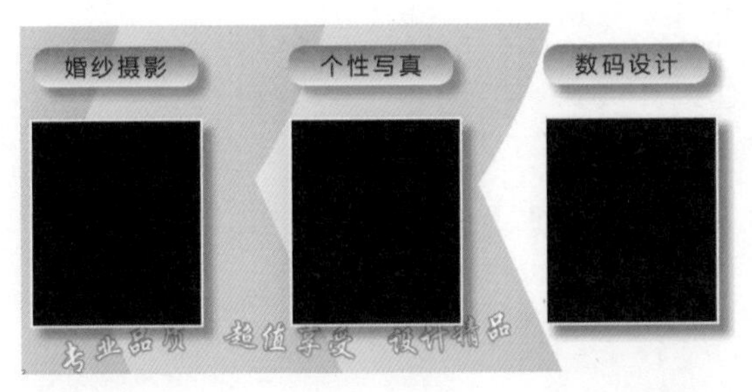

图4-108

49 选中当前的3个矩形，再复制出3个矩形，如图4-109所示。

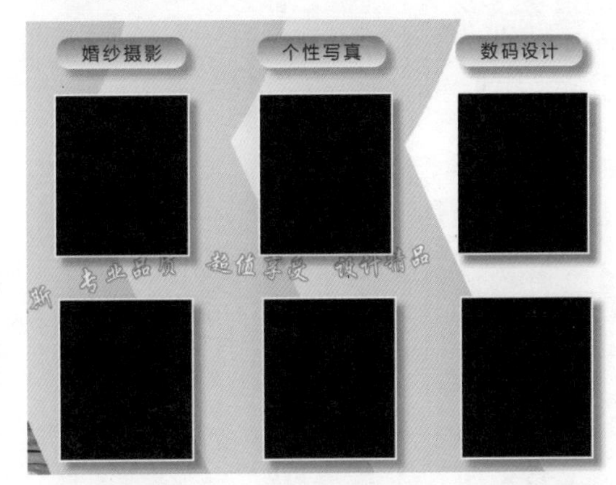

图4-109

50 选中第一个矩形，按【Ctrl】+【D】快捷键，弹出“置入”对话框后，置入图4-110所示的婚纱照片。

图4-110

51 默认情况下，当图片尺寸大于框架尺寸时，只显示部分图片，如图4-111所示。此时，执行按比例填充框架命令，使其按框架尺寸进行等比例缩小，如图4-112所示。

图4-111　图4-112

52 如果觉得图片在框架中的位置不理想，可以使用内容抓手工具把图片挪到合适的位置，如图4-113所示。

图4-113

53 同理，继续选择其他的矩形分别置入不同的婚纱照片，调整置入照片的大小和位置，如图4-114所示。

图4-114

54 为了操作方便，将所有矩形全部选中进行编组，按住【Ctrl】+【Shift】键的同时（防止只调整了框架大小而没有调整图片大小）使用移动工具统一调整它们的大小，如图4-115所示。

图4-115

55 同理，统揽全局的构图，可整体调整各个部位的大小比例。图4-116所示为对所有的圆角矩形及其上面的文字进行编组然后调整大小后的效果。

图4-116

56 导入玫瑰花图片作为单页的底衬图形，将其放置在页面的右下角，如图4-117所示。

图4-117

57 从整体来看玫瑰花图片边缘柔和一些更加合适，如图4-118所示。要得到这个效果，需要在Photoshop软件中对玫瑰花图片进行处理。

图4-118

58 在Photoshop软件中，打开玫瑰花图片，使用椭圆形选框工具在图片中间创建一个椭圆形选区，执行“右键菜单→羽化”命令，设置羽化数值为100，如图4-119所示。

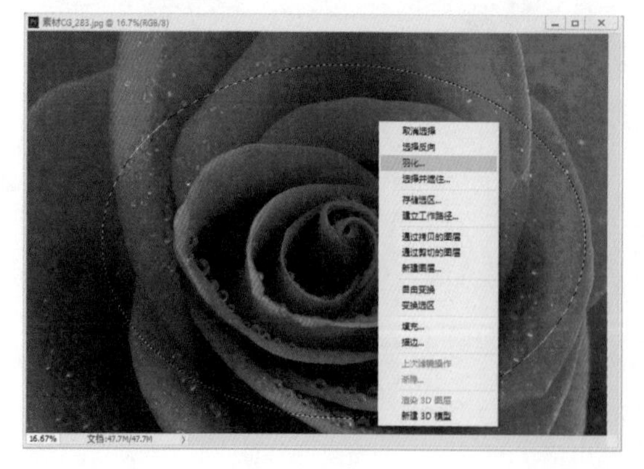

图4-119

59 按【Ctrl】+【J】快捷键得到一个新的图层，单击“背景”图层的眼睛隐藏背景层，如图4-120所示。

图4-120

60 按【Ctrl】+【S】快捷键，弹出"另存为"对话框，选择存储格式为PSD格式，文件命名为"玫瑰花"，如图4-121所示。

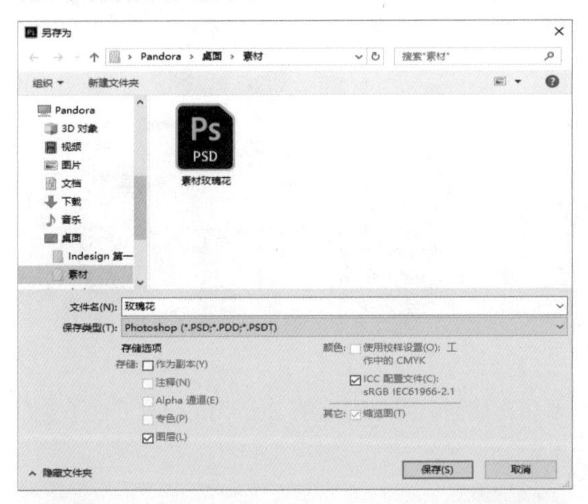

图4-121

61 返回InDesign CC 2019，选中玫瑰花的图文框，按【Ctrl】+【D】快捷键，置入刚才保存好的"玫瑰花.psd"文件，如图4-122所示。

图4-122

提示 InDesign CC 2019支持导入Photoshop的源文件（.psd格式），并且保留其透明的图层效果。

62 可以看到，原来的玫瑰花图片被替换为处理后的玫瑰花图片，如图4-123所示。

图4-123

63 打开"效果"面板，设置当前图片的不透明度为50%，使玫瑰花图片更好的融为背景，如图4-124所示。

图4-124

64 从文案中复制婚纱馆信息的文字，使用文字工具在页面的下方创建文本框，将复制的文字粘贴进来，如图4-125所示。

图4-125

65 设置婚纱馆相关信息文字的字体为方正兰亭纤黑，字号为9点，行距为15点，如图4-126所示。

图4-126

66 对文字进行调整，调整后的文字效果如图4-127所示。

图4-127

67 打开预览模式，看到之前创建的曲线文字有一些被挡住了，如图4-128所示。

图4-128

68 使用直接选择工具和转换点工具对路径进行调整。调整的过程中由于路径长度和曲度在变化，会出现文字被隐藏的情况，如图4-129所示。文字末尾“用心服务”的“务”字消失，这种情况可将光标挪到文字末尾位置拖曳以改变文字显示的范围。

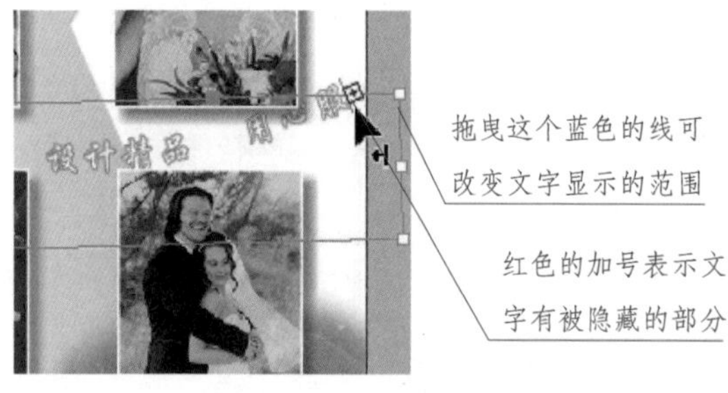

图4-129

69 调整各个部分的比例、大小以及细节后得到效果如图4-130所示。

图4-130

70 执行“文件→导出”命令，将当前的InDesign CC 2019文件导出为需要的其他的文件格式。这里导出为JPEG格式，如图4-131所示。

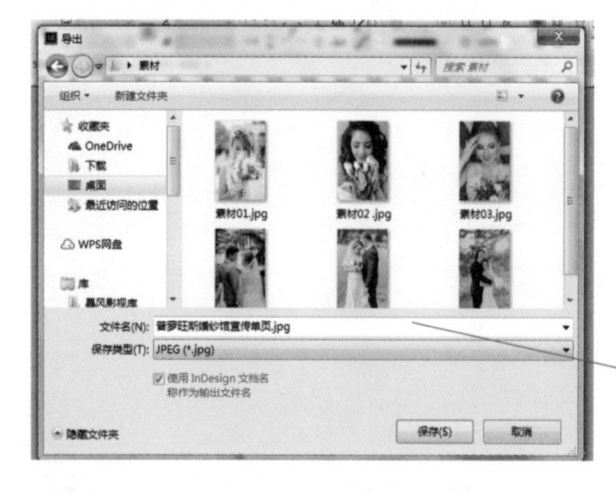

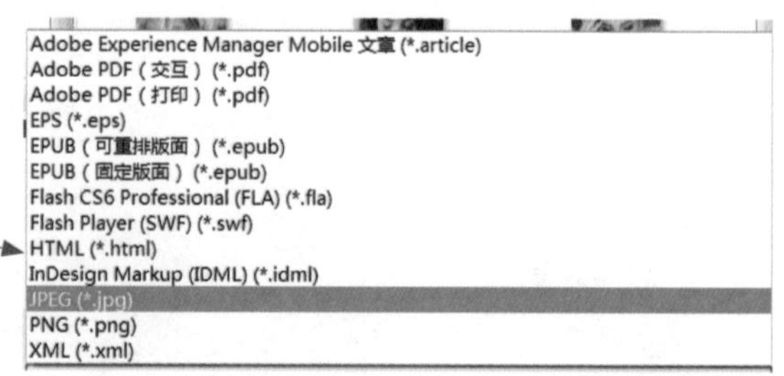

图4-131

提示 一般情况下打印和印刷需要导出为“Adobe PDF（打印）”格式，如果是需要在Windows中查看和预览，则导出为JPEG格式。

提示

本章出现的快捷键如下。

增加磅数:【Shift】+【Ctrl】+【.】

减少磅数:【Shift】+【Ctrl】+【.】

增加基线位移量：文本-【Shift】+【Alt】+【↑】

减小基线位移量：文本-【Shift】+【Alt】+【↓】

增加字距/微调字距:【Alt】+【→】

减小字距/微调字距:【Alt】+【←】

加大行距:【Alt】+【↓】

减小行距:【Alt】+【↑】

第 5 章
图形

InDesign CC 2019 支持导入多种格式的图形文件，大大提高图形编排的效率，降低错误发生的概率。本章总结了适合于设计文档的图形格式。

本章将就图形的各种知识进行详细的讲解。

5.1 了解图形格式

本节将讲解在InDesign CC 2019中经常使用的图形格式。

InDesign CC 2019支持置入多种格式的图形文件，这些格式一般分为两大类——矢量图和位图。

1. 关于矢量图形

矢量图形（有时称作矢量形状或矢量对象）由称作矢量的数学对象定义的直线和曲线构成。矢量根据图像的几何特征对图像进行描述。

矢量图形进行任意移动、放大、缩小以及旋转，都不会丢失细节或影响清晰度。矢量图形与分辨率无关，即当调整矢量图形的大小、将矢量图形打印到PostScript打印机、在PDF文件中保存矢量图形或将矢量图形置入到基于矢量的图形应用程序中时，矢量图形都将保持清晰的边缘。因此，对于在各种输出媒体中按照不同大小使用的图形（如徽标），矢量图形是最佳选择，如图5-1所示。

图5-1

2. 关于位图图像

位图图像（在技术上称作栅格图像）使用图片元素的矩形网格（像素）表现图像。每个像素都分配有特定的位置和颜色值。在处理位图图像时，所编辑的是像素，而不是对象或形状。位图图像是连续色调图像（如照片或数字绘画）最常用的电子媒介，因为它们可以更有效地表现阴影和颜色的细微层次。

位图图像与分辨率有关，也就是说它们包含固定数量的像素。因此，如果在屏幕上以高缩放比率对它们进行缩放，或以低于创建时的分辨率来打印它们，就会丢失图像中的细节，并呈现出锯齿。图5-2所示为一辆自行车放大后查看细节呈现出的锯齿状。

图5-2

5.2 从其他应用程序置入文件

InDesign CC 2019支持很多格式的图形文件，这意味着可以置入很多其他图形程序创建的文件，尤其是与Adobe系列的图形程序协作起来更加流畅。

5.2.1 置入 Adobe Illustrator 图形

置入Illustrator 图形的方式取决于置入后需要对图形进行多大程度的编辑。

1. 以链接的方式置入

执行“文件→置入”命令，置入Illustrator源文件“.ai”格式的图形。编辑图形，执行“编辑→编辑原稿”命令，在 Illustrator 中打开图形进行修改，修改完毕按【Ctrl】+【S】快捷键保存，然后回到InDesign CC 2019中即可看到图形已自动更新。

2. 将 Illustrator 图形粘贴到InDesign CC 2019 中

将图形从 Illustrator中粘贴到 InDesign CC 2019 文档中，这种方式置入的图形在InDesign CC 2019 中显示为可编辑对象的一个分组集合。

将图形从Illustrator中复制，然后粘贴到InDesign CC 2019中，图形将嵌入在InDesign CC 2019文档中，不会创建指向原始Illustrator文件的链接。

5.2.2 导入 PSD 文件

在Photoshop 4.0及更高版本中创建的位图图像可以直接置入到InDesign CC 2019中，置入的文件以链接的形式存在。

修改置入到InDesign CC 2019中的图像，可执行“编辑→编辑原稿”命令，在Photoshop 中打开图像，然后进行修改，修改完毕按【Ctrl】+【S】快捷键保存，回到InDesign CC 2019中即可看到图像已自动更新。

5.2.3 导入其他格式图形

InDesign CC 2019 支持多种图形格式，除位图格式（如TIFF、GIF、JPEG 和BMP）和矢量格式（如 EPS）两大类，其他支持的格式有DCS、PICT、WMF、EMF、PCX、PNG 和 Scitex CT (.sct)，还可以将 SWF 文件作为影片文件导入。

1.TIFF(.tif)文件

TIFF 格式是一种灵活的位图图像格式，大多数的绘画、图像编辑和页面布局应用程序都支持这种格式，大多数的桌面扫描仪都可以生成 TIFF 图像。

TIFF 格式支持 CMYK、RGB、灰度、Lab、索引颜色以及具有 Alpha 和专色通道的位图文件。在置入 TIFF 文件时可以选择 Alpha 通道或专色通道，专色通道在 InDesign CC

2019 中的“色板”面板中显示为专色。

InDesign CC 2019 支持 TIFF 图像中的剪切路径。用户可以使用图像编辑程序（如 Photoshop）创建剪切路径，以便为 TIFF 图像创建透明背景。

2. 图形交换格式(.gif)文件

图形交换格式 (GIF) 是一种用于万维网及其他在线服务的图形显示标准格式。由于它可以在不丢失细节的情况下压缩图像数据，因此它的压缩方法称作无损压缩。此类压缩适合于使用有限数目颜色的纯色图形，如徽标和图表。

因为 GIF 格式最多只能显示 256 种颜色，所以它在显示在线照片方面效果不是很好（请改用 JPEG格式），建议不要将其用于商业印刷。

3.JPEG(.jpg)文件

JPEG 格式通常用于通过 Web 和其他在线媒体传播的 HTML 文件中的照片，以及其他连续色调图像。

JPEG 格式支持 CMYK、RGB 和灰度颜色模式，与 GIF 不同，JPEG 会保留 RGB 图像中所有的颜色信息。

JPEG 格式使用可调整的损耗压缩方案，该方案可以识别并丢弃对图像显示无关紧要的多余数据，从而有效地减小文件大小。压缩级别越高，图像品质就越低，文件大小越小；压缩级别越低，图像品质就越高，文件大小越大。大多数情况下，使用“最佳品质”选项存储的图像与实际图像差别不大。

提示　在图像编辑应用程序（如 Photoshop）中，对EPS文件或DCS文件进行的JPEG编码操作并不会创建JPEG文件，相反，它会使用上述JPEG压缩方案压缩该文件。

JPEG 适用于照片，但纯色 JPEG 图像（大面积使用一种颜色的图像）通常会损失锐化程度。InDesign CC 2019 可以识别并支持在Photoshop 中创建的剪切路径。JPEG 可以用于在线文档和商业印刷文档。

4. 位图(.bmp)文件

BMP 格式是 DOS 和 Windows 兼容计算机上的标准 Windows 位图图像格式。BMP 不支持 CMYK颜色模式，仅支持 1 位、4 位、8 位或 24 位颜色。它不太适于商业印刷文档或在线文档，在某些 Web 浏览器上也不受支持。在低分辨率或非 PostScript 打印机上打印时，BMP 图形的品质一般。

5.3 置入图形

5.3.1 置入图形概述

“置入”命令是用于向 InDesign CC 2019 插入图形的主要方法，因为该命令可以提供最高级别的分辨率、文件格式、多页面 PDF、INDD 文件和颜色支持。置入图形也称为导入图像和插入图片。

如果创建的文档不具备关键特性，则可以通过复制和粘贴向 InDesign CC 2019 导入图形。但是，粘贴操作是将图形嵌入文档，指向原始图形文件的链接将断开，不会显示在“链接”面板中，因此无法从原始文件中更新图形。不过，粘贴 Illustrator 图形时，允许在 InDesign CC 2019 中编辑路径。

置入图形文件时，可以使用哪些选项取决于图形的格式类型。在“置入”对话框中勾选“显示导入”选项后，就会显示这些选项。图5-3所示为勾选“显示导入”选项后置入psd格式时的“图像导入选项”对话框。

在置入图形文件时未勾选“显示导入”选项，InDesign CC 2019 将应用默认设置或上次置入该类型图形文件时使用的设置。

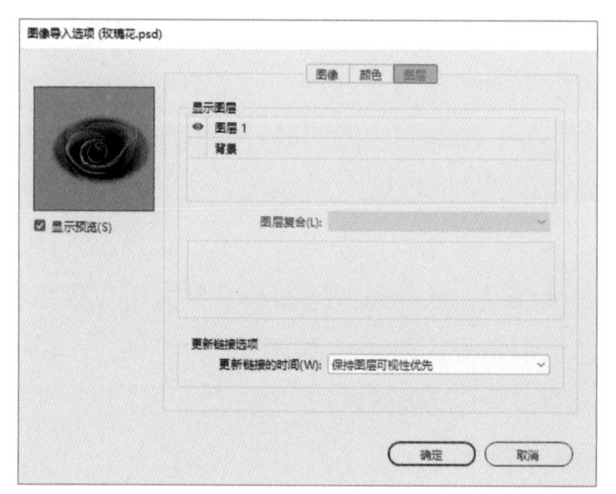

图5-3

5.3.2 置入多个图形

使用“置入”命令可以实现一次导入多个图形。

（1）向框架中置入一些项目或所有项目时，可以为这些图形创建框架。

（2）执行“文件→置入”命令，选择需要置入的文件，单击“打开”按钮，选择图形文件、文本文件、InDesign文件及其他可以添加到 InDesign CC 2019 文档中的文件。

（3）在InDesign CC 2019文档中单击或按住鼠标左键拖曳即可导入图像。

5.3.3 拖放图形

图片可以从计算机的资源管理器中直接拖入到InDesign CC 2019的文档内。拖放图形的原理与“置入”命令相似，图像在导入后将显示在“链接”面板中。从资源管理器中选择一个或多个图形，按住鼠标左键将其拖曳到InDesign CC 2019打开的文档窗口中，该文件将显示在InDesign CC 2019中的“链接”面板中。

5.3.4 设置图像显示模式

置入文档中的图像可能显示为像素化、模糊或粒状效果，这是因为InDesign CC 2019默认情况下采用低分辨率来显示图像可以提高性能。执行“视图→显示性能”下的命令，可改变其显示的效果。

1. 快速显示

在快速显示模式下栅格图像或矢量图形将显示为灰色框（默认值）。需要快速翻阅包含大量图像或透明效果的跨页时使用此模式。

2. 典型显示

在典型显示模式下图像或矢量图形将显示为低分辨率代理图像（默认值）。“典型”是默认选项，并且是显示可识别图像的快捷方法。

3. 高品质显示

在高品质显示模式下栅格图像或矢量图形将以高分辨率显示（默认值）。此选项提供最高的图像品质，但执行速度最慢，需要微调图像时使用此选项。图5-4所示为同一张图片的典型显示和高品质显示。

图5-4

5.4 管理图形链接

5.4.1 “链接”面板概述

执行“窗口→链接”命令可打开“链接”面板。“链接”面板中列出了文档中置入的所有文件，每个链接文件和自动嵌入的文件都通过名称来标识，如图5-5所示。

图5-5

下面讲解“链接”面板下方的按钮命令。

要重新链接图形，可以在“链接”面板中选择相关链接，然后单击“重新链接”按钮，在弹出的对话框中选择需要替换的图像文件单击“确定”按钮。

要选择并查看链接的图形，可以在“链接”面板中选择相关链接，单击“转到链接”按钮。

一般情况下，当链接图像在外部程序被修改后，InDesign CC 2019会自动更新链接，将文档中的图形更改为修改后的图像；如果没有自动更新，在链接文件名称右边会出现黄色的警告标记，如图5-6所示。此时可以在“链接”面板中选择需要更新的链接文件，然后单击“更新链接”按钮 即可完成更新，如图5-7所示。

使用“编辑原稿”命令，可以在创建图形的应用程序中打开大多数图形，以便在必要时对其进行修改。存储原始文件之后，将使用新版本更新链接该文件的文档。

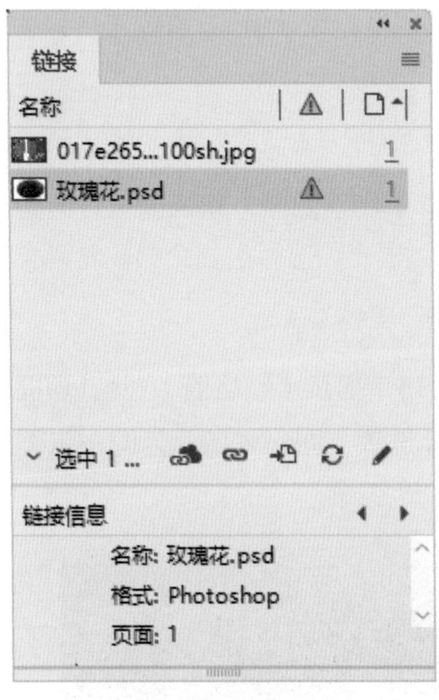

图5-6

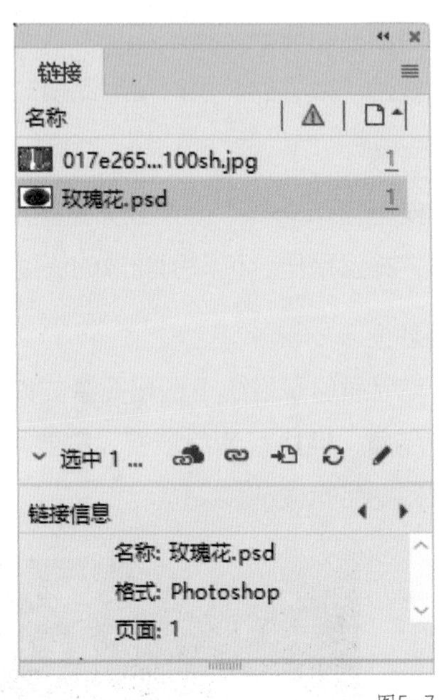

图5-7

提示 默认情况下，InDesign CC 2019 依靠操作系统来确定用于打开原始文件的应用程序。一些情况下，打开的不是想要的应用程序，如希望用Photoshop打开导入的位图，但系统启动的是Windows图片和传真查看器，这时用户可以执行“编辑→编辑工具”命令，指定将用于打开文件的应用程序，若没有显示该应用程序，执行“编辑→编辑工具→其他...”命令，浏览计算机系统并找到该应用程序，如图5-8所示。

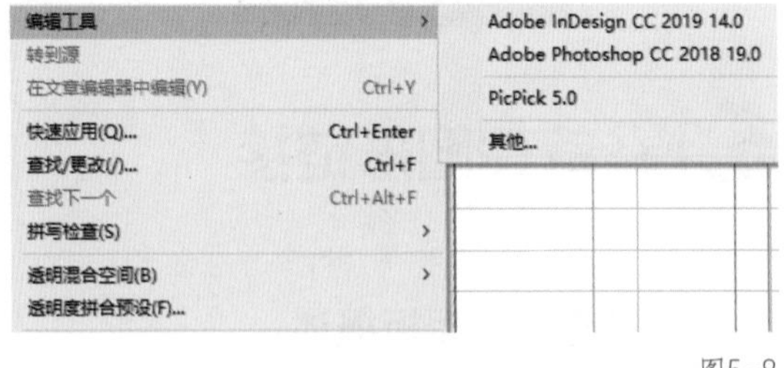

图5-8

5.4.2 将图像嵌入文档中

文件可以嵌入（或存储）到文档中，而不是链接到已置入文档的文件上。嵌入文件时，会断开指向原始文件的链接，如果没有链接，当原始文件发生更改时，“链接”面板不会发出警告，并且将无法自动更新相应文件。

嵌入文件会增加文档文件的大小。

要嵌入链接的文件，在“链接”面板中选中文件，然后执行“链接”面板菜单中的“嵌入链接”命令即可，如图5-9所示。

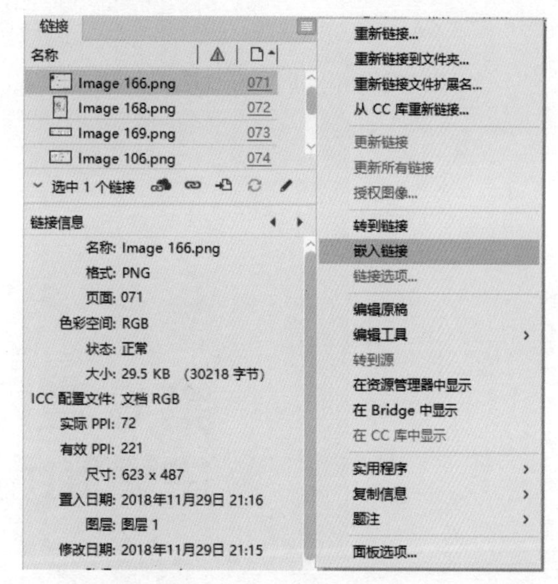

图5-9

5.4.3 使用置入命令替换导入的文件

除了使用“链接”面板的“替换链接”命令来替换图像，也可以通过“置入”命令来替换图像。方法是使用选择工具选择框架，然后执行“文件→置入”命令选择新的图形文件。

第6章
主页和页面的设定

字符样式和段落样式、主页和页面的设定，都是InDesign CC 2019中非常重要的功能。在第5章已经讲解了字符样式和段落样式的相关知识，这一章将详细讲解“页面”面板和主页使用的相关知识。

6.1 页面和跨页

6.1.1 页面和跨页

执行“窗口→页面”命令可打开“页面”面板。“页面”面板提供关于页面、跨页和主页的相关信息，并且可以对它们进行控制。默认情况下，“页面”面板显示每个页面内容的缩略图，如图6-1所示。

在“页面”面板中，确定目标页面或跨页并选择它的3种方式是：双击图标或位于图标下的页码；选择某一页面，单击其图标；选择某一跨页，单击位于跨页图标下的页码。

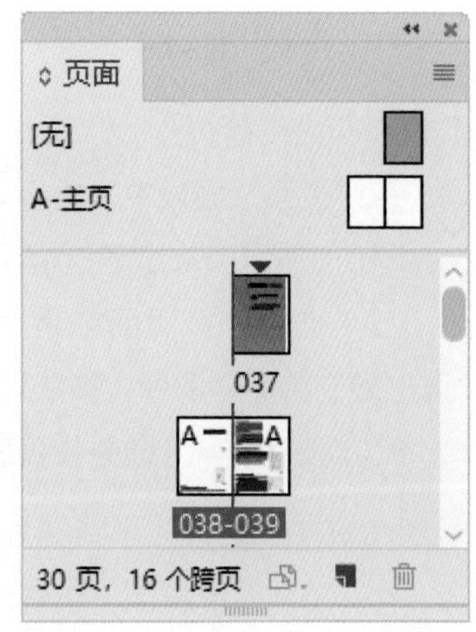

图6-1

6.1.2 向文档中添加新页面

要将某一页面添加到活动页面或跨页后，可单击“页面”面板中的“新建页面”按钮，如图6-2所示。新创建的页面将与现有的活动页面使用相同的主页。

若要添加页面并指定文档主页，可在“页面”面板右上角菜单中执行“插入页面”命令，如图6-3所示。弹出“插入页面"对话框后，在弹出的对话框中输入要添加页面的页数，选择插入位置，并选择要应用的主页，如图6-4所示。

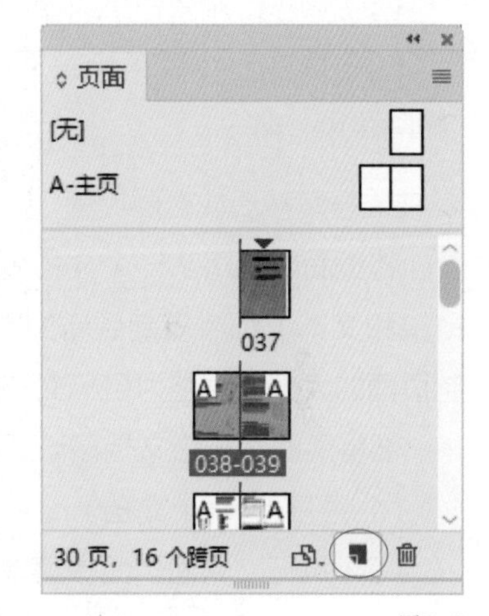

图6-2

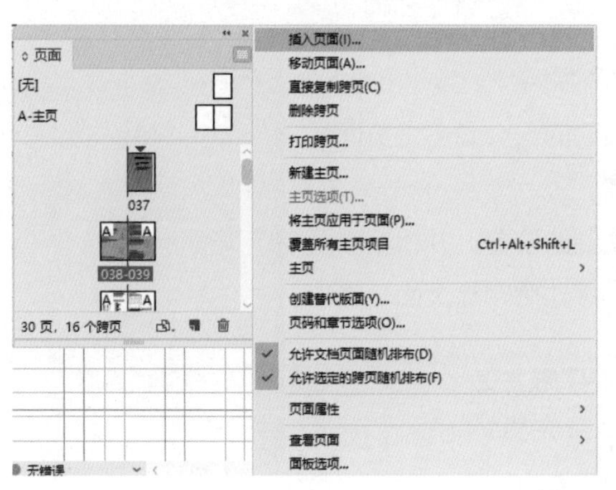

图6-3

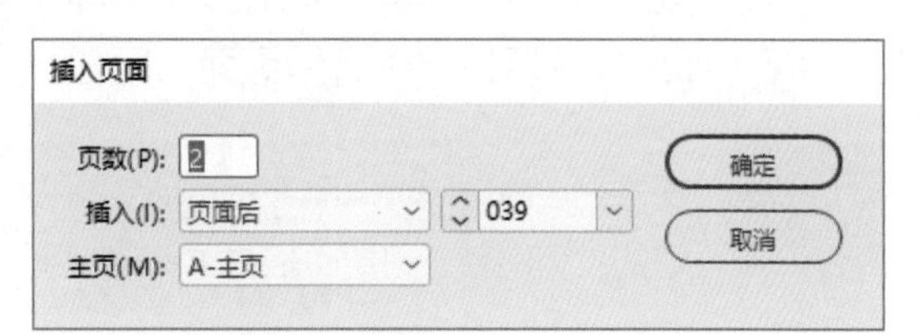

图6-4

6.1.3 移动、复制和删除页面或跨页

用户可以使用“页面”面板自由地对页面和跨页进行排列、复制和重组。

1. 移动页面

在“页面”面板中选择一个或多个页面，然后使用鼠标左键拖曳它们到新的位置即可。

2. 复制页面或跨页

在“页面”面板中，执行以下操作之一，即可复制页面或跨页。

（1）将跨页下的页面范围号码拖曳到“新建页面”按钮，新的跨页将显示在文档的末尾。

（2）选中一个页面或跨页，然后在“页面”面板菜单中执行“直接复制页面”命令或“直接复制跨页”命令，新的页面或跨页将显示在文档的末尾。

（3）按住【Alt】键并将页面图标或位于跨页下的页面范围号码拖曳到新位置。

3. 删除页面或跨页

在“页面”面板中，执行以下操作之一，即可删除页面或跨页。

（1）将一个或多个页面图标或页面范围号码拖曳到“删除”按钮。

（2）选中一个或多个页面图标，然后单击“删除”按钮。

（3）选中一个或多个页面图标，然后在“页面”面板菜单中执行“删除页面”命令或“删除跨页”命令。

4. 在文档间移动或复制页面

将页面或跨页从一个文档复制到另一个文档时，该页面或跨页上的所有项目（包括图形、链接和文本）都将复制到新文档中，如果需要复制页面的文档与目标文档的大小不同，所复制页面的大小将调整为目标文档的尺寸。

要将页面从一个文档移动至另一个文档可通过执行以下操作实现。

（1）打开这两个文档。

（2）执行“页面”面板菜单中的“移动页面”命令。

（3）弹出“移动页面”对话框后，指定要移动的一个或多个页面。

（4）从“移至”下拉框中选择目标文档名称。

（5）在“目标”下拉框中选择要将页面移动到的位置，并根据需要指定页面。

（6）如果要从源文档中删除页面，则勾选“移动后删除页面”选项。

提示 在文档之间复制页面时，将自动复制它们的关联主页。如果新的文档包含与复制页面所应用的主页同名，则新文档的主页将应用于复制的页面。

5. 创建多页跨页

默认情况下，InDesign CC 2019提供2个页面的跨页，而根据设计需求有时需要设计三折页或多折页，此时需要创建多页跨页。

在“页面”面板中选定跨页缩览图，然后在“页面”面板菜单中取消“允许选定跨页随机排布”命令。此时，在“页面”面板中将需要加入的页面拖曳到刚才选定的页面缩览图的左侧或右侧，它们将合并到一起成为多页跨页，如图6-5所示。

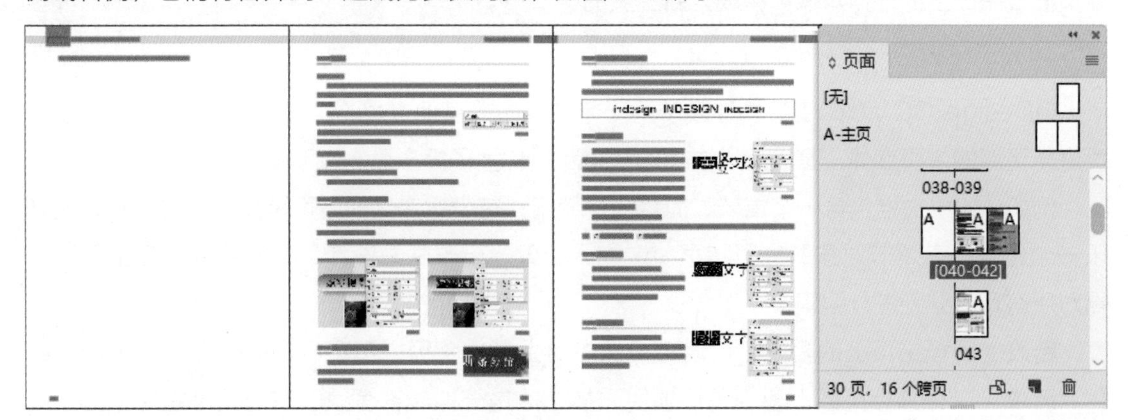

图6-5

6.2 主页

主页类似于一个可以快速应用到多个页面的背景，主页上的对象将显示在应用该主页的所有页面上。主页通常包含重复的徽标、页码、页眉和页脚，对主页进行的更改将自动应用到关联的页面。

6.2.1 创建主页

默认情况下，创建的任何文档都具有一个主页，可以从零开始创建一个新的主页，也可以利用现有主页或文档页面进行创建。

将主页应用于其他页面后，对源主页所做的任何更改，都会自动反映到应用该源主页的文档页面中。如果仔细的规划，这种方式将为用户提供极大的便利。

1. 从零开始创建主页

在“页面”面板菜单中执行“新建主页”命令，弹出图6-6所示的对话框。在其中设置主页的名称，单击“确定”按钮即可创建一个新主页。

在“基于主页”下拉框中可选择一个已有页面作为此主页的基础页面，也可选择“无”选项，重新编辑一个页面作为主页。

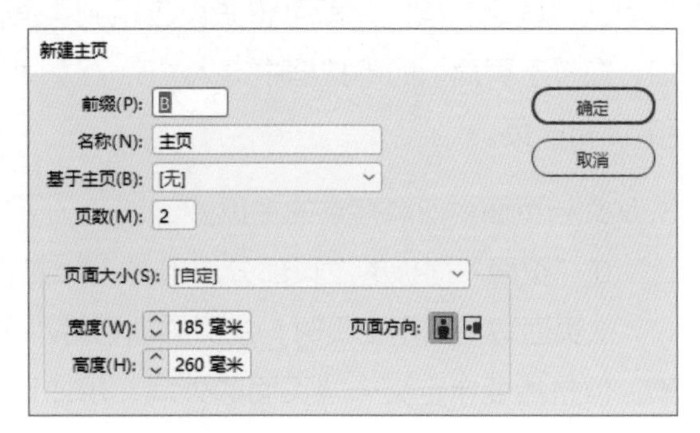

图6-6

2. 从现有页面或跨页创建主页

在“页面”面板中选择某一跨页，然后从“页面”面板菜单中执行“存储为主页”命令，原页面或跨页上的任何对象都将成为新主页的一部分。

3. 创建基于其他主页的主页

InDesign CC 2019支持创建基于同一个文档中的其他主页（称为父级主页），并随该主页进行更新的主页变体。基于父级主页的主页跨页称为子级主页。

例如，如果文档包含十个章节，而且它们使用只有少量变化的主页跨页，则可以将它们基于一个包含所有章节对象的主页跨页。这样，如果要更改基本设计，只需编辑父级主页而无需对所有章节分别进行编辑。

若改变子级主页上的格式，可以在子级主页上覆盖父级主页项目，以便在主页上创建变化，就像可以在文档页面上覆盖主页项目一样。这是一种非常有效的方法，可以在设计上保持一致且不断变化和更新。

4. 编辑主页

用户可以随时编辑主页，所做的更改会自动反映到应用该主页的所有页面。

例如，添加到主页的任何文本或图形都将出现在应用此主页的文档页面上。

在“页面”面板中，使用鼠标右键单击主页跨页，执行其中的“A-主页的主页选项”命令，即可在弹出的对话框中重新修改当前主页的前缀、名称、基于主页等参数。

6.2.2 应用主页

1. 将主页应用于文档页面或跨页

要将主页应用于某个页面或跨页，在“页面”面板中将主页图标拖曳到页面图标上即可。

2. 将主页应用于多个页面

执行“页面”面板菜单中的“将主页应用于页面”命令，弹出“应用主页”对话框，在“应用主页”下拉框中选择一个主页，并确保“于页面”选项中的页面范围是所需的页面，然后单击“确定”按钮，即可将主页应用到页面中。用户可以一次将主页应用于多个页面，例如，在“于页面”的下拉框中键入“5, 7-9, 15-16”，这样便将同一个主页应用于第5、7-9和 15-16 页。

3. 从文档页面中取消指定的主页

在“页面”面板的主页部分应用“无”主页即可。

从页面取消指定主页时，主页的项目将不再应用于该页面。如果主页包含所需的大部分元素，但是需要自定义一些页面的外观，用户可以在这些文档页面上覆盖主页项目或对它们进行编辑或修改，而无需取消指定主页。

6.2.3 复制主页

用户可以在同一文档内复制主页，也可以将主页从一个文档复制到另一个文档，以作为新主页的基础。

1. 在文档内复制主页

（1）在“页面”面板中，将主页跨页的页面名称拖曳到面板底部的“新建页面”按钮。

（2）选择主页跨页的页面名称，并从面板菜单中执行“复制主页跨页[跨页名称]”命令。

（3）当复制主页时，被复制主页的页面前缀将变为字母表中的下一个字母。

2. 将主页复制或移动到另一个文档

（1）打开要在其中添加主页的文档和包含要复制的主页的文档。

（2）打开包含要复制的主页的文档（源文档）的“页面”面板。

（3）选择要移动或复制的主页，执行“右键菜单→页面→移动主页”命令，弹出“移动主页”对话框，从“移至”下拉框中选择目标文档名称。如果要从源文档中删除一个或多个页面，选中“移动后删除页面”，然后单击“确定”按钮。

6.2.4 从文档中删除主页

在“页面”面板中，选择一个或多个要删除的主页，要选择所有未使用的主页在“页面”面板菜单中执行“选择未使用的主页”命令，执行以下操作之一即可删除选择的主页。

（1）将选定的主页或跨页拖曳到面板底部的“删除”按钮处。

（2）单击面板底部的“删除”按钮。

（3）选择面板菜单中的“删除主页跨页[跨页名称]”命令。删除主页时，“无”主页将替代已删除的主页应用在文档页面。

6.2.5 分离主页项目

将主页应用于文档页面时，主页上的所有对象（称为主页项目）都将显示在应用该主页的文档页面上。有时，需要让某个特定的页面与主页略微不同，此时，无需在该页面上重新创建主页或者创建新的主页，可以通过分离主页项目（如线条、文字、图形、图像等）来实现，这样文档页面上的其他主页项目将继续随主页更新。

要将单个主页项目从其主页中分离，首先按住【Ctrl】+【Shift】组合键，同时单击文档页面上需要分离的对象，然后在“页面”面板菜单中执行“分离来自主页的选区”命令即可。

要分离跨页上所有被覆盖的主页项目，则选中跨页，然后执行“页面”面板菜单中的“分离所有来自主页的对象”命令即可。

6.2.6 从其他文档中导入主页

InDesign CC 2019 可以从其他文档中将主页导入到现用文档中。在“页面”面板菜单中执行“主页→载入主页”命令，选择包含要导入主页的 InDesign文档，单击“打开”按钮即可。目标文档中所包含的主页的名称与源文档中的任何主页的名称不同时，目标文档中的页面将保持不变；反之，有名称相同时，可选择替换主页或重命名主页。

6.2.7 编排页码和章节

1. 添加基本页码

用户可以向页面添加一个当前页码标志符，以指定页码在页面上的显示位置和显示方式。由于页码标志符是自动更新的，因此即使在添加、移去或重排文档中的页面时，文档所显示的页码始终是正确的。用户可以按处理文本的方式来设置页码标志符的格式和样式。

2. 为主页添加页码标志符

页码标志符通常会添加到主页。将主页应用于文档页面后，InDesign CC 2019将自动更新页码（类似于页眉和页脚）。无论是在文档页面还是在主页中，使用文字工具创建一个文本框，然后按【Ctrl】+【Shift】+【Alt】+【N】快捷键即可为当前的页面添加页码。在正文页面中显示为默认的阿拉伯数字页码，而在“主页”面板中显示为默认的大写字母A，如图6-7所示。

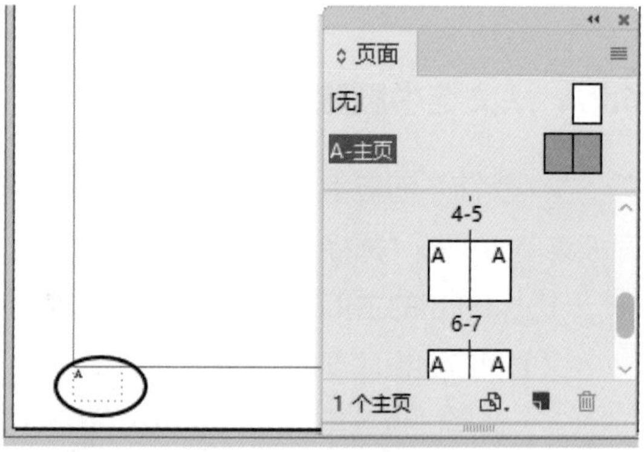

图6-7

3. 更改页码样式

默认情况下，使用阿拉伯数字作为页码。但是，如果在“页面”面板菜单中执行“页码和章节选项”命令，则可以指定页码的样式，如罗马数字、阿拉伯数字、汉字等。该“样式”选项允许选择页码中的数字位数，例如 001 或 0001。使用不同页码样式的文档中的每个部分称为章节，如图6-8所示。

“页码和章节选项”对话框可以将页码样式更改为不同的格式，还可以重新编排页码或使用指定的数字作为起始页码。

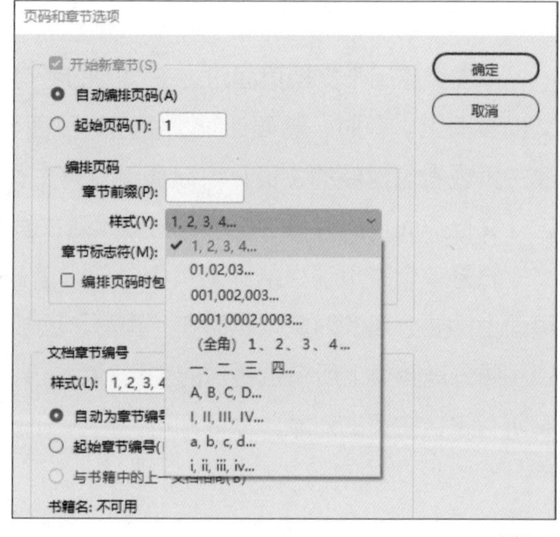

图6-8

6.3 实训案例：书籍排版

操作步骤

01 启动InDesign CC 2019，新建一个文件，设置其页数为18页，勾选“对页”选项，设置尺寸为W210毫米×H285毫米，如图6-9所示。

图6-9

02 单击“边距和分栏...”按钮，在弹出的“新建边距和分栏”对话框中设置其边距，单击“确定”按钮，如图6-10所示。

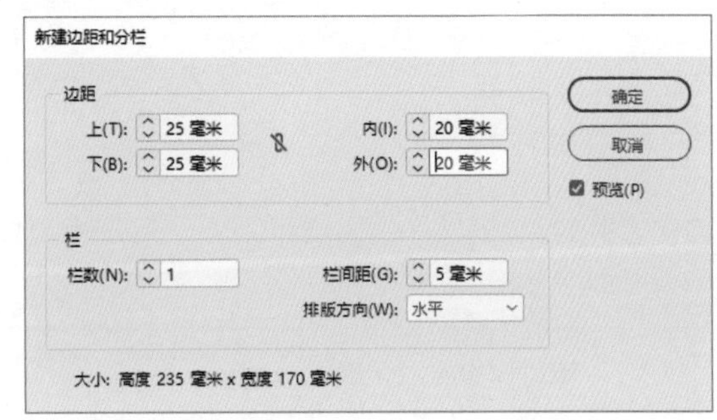

图6-10

03 进入页面3，使用文字工具沿版心参考线位置创建一个文本框，从Word文件中复制全部的文字内容，将其粘贴到页面3的文本框中，如图6-11所示。

图6-11

04 使用选择工具单击文本框右下角的溢出字符标记⊞，然后按住【Shift】键并在页面4版心参考线左上角的位置单击，系统会自动灌文到剩下的页面中，这样各个页面的文本框之间是续接的关系，如图6-12所示。

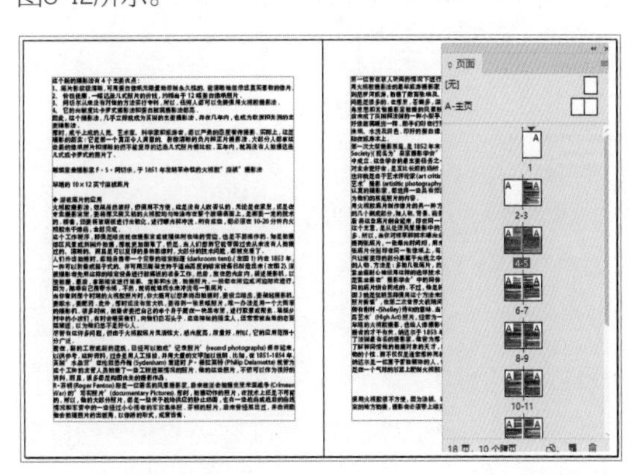

图6-12

05 选中文字“第二章摄影技术发展史”，设置其字体为方正兰亭黑简体，字号为18点，对齐方式为居中对齐，段后距为8毫米，如图6-13所示。

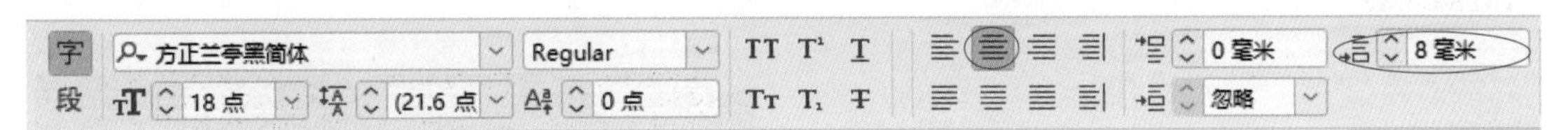

图6-13

06 基于设置好的文字属性，如图6-14所示，将其定义为“章标题”段落样式，如图6-15所示。

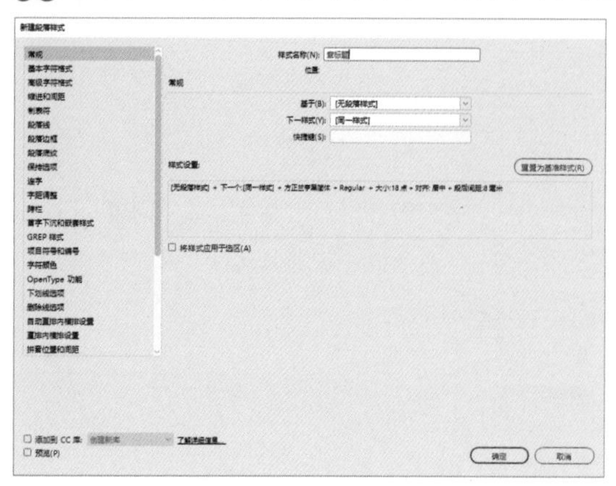

图6-14

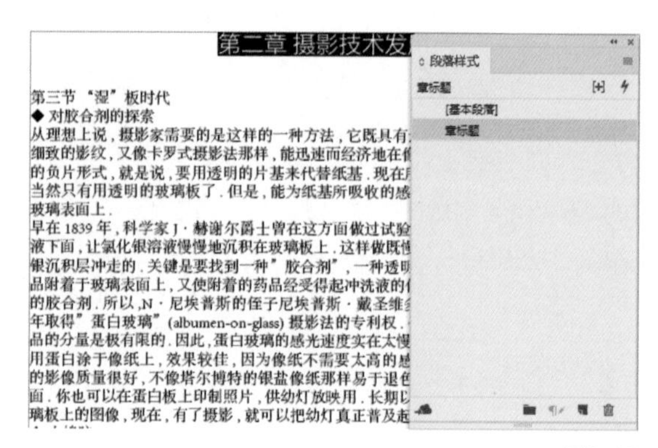

图6-15

07 选中文字“第三节‘湿’板时代”，设置其字体为方正兰亭黑简体，字号为14点，段前距4毫米，段后距为4毫米，如图6-16所示。

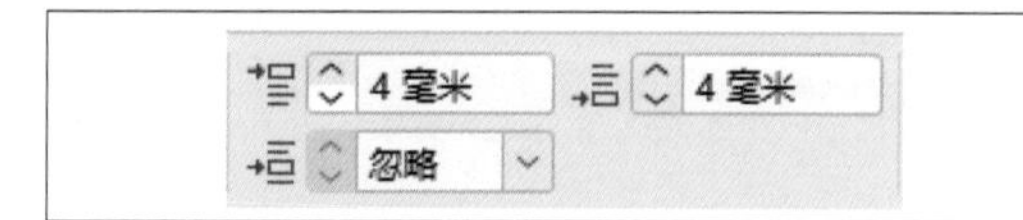

图6-16

08 基于设置好的文字属性，如图6-17所示，将其定义为“节标题”段落样式，如图6-18所示。

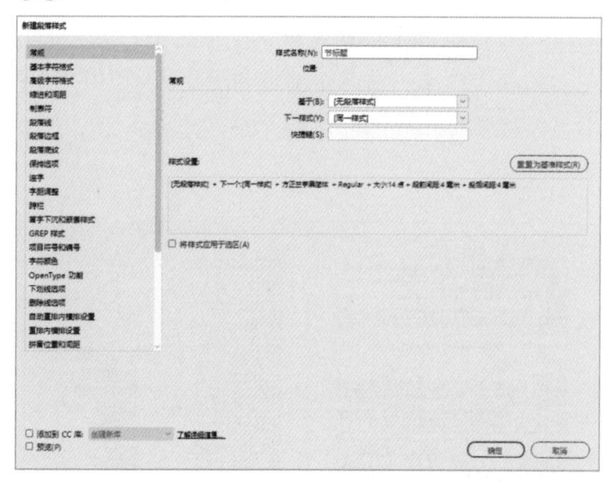

图6-17

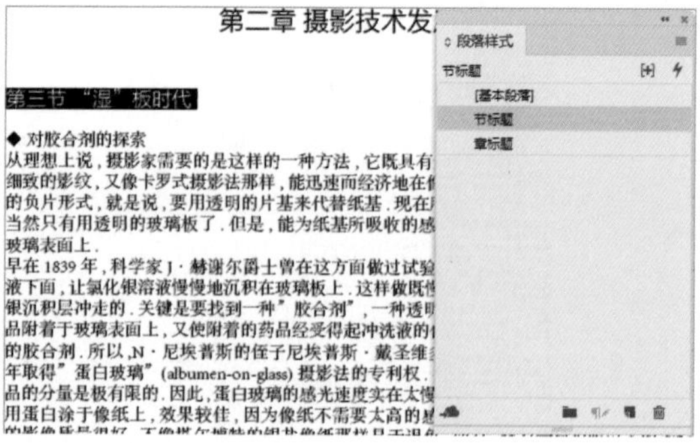

图6-18

09 同理，选中文字“对胶合剂的探索”，设置其字体为方正黑体简体，字号为12点，首行缩进7毫米，段后间距2毫米，并将其定义为“小标题”段落样式，如图6-19所示。

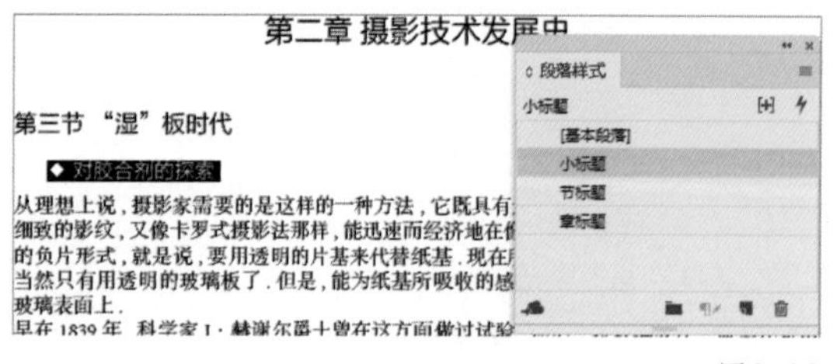

图6-19

10 选中第一段文字，设置其字体为方正兰亭黑简体，字号为10.5点，首行缩进8毫米，段后间距2毫米。同理，将其定义为“正文”段落样式，如图6-20所示。

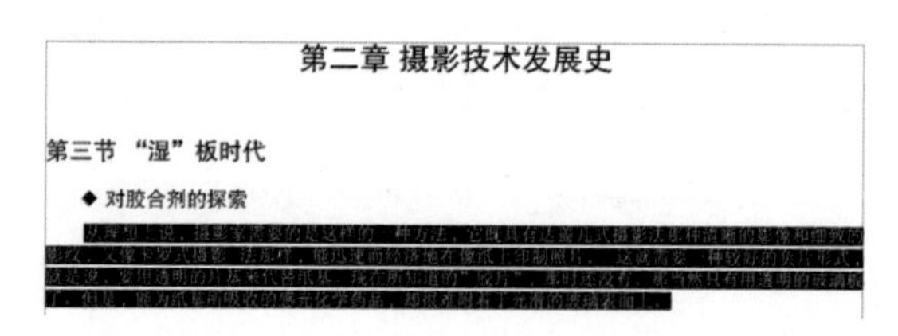

图6-20

11 选中文字“火棉胶”，为其应用“小标题”段落样式，然后使用文字工具将光标插入到当前页面的其他文字间，并应用“正文”段落样式，效果如图6-21所示。

第三节 “湿”板时代

◆ 对胶合剂的探索

从理想上说，摄影家需要的是这样的一种方法，它既具有达盖儿式摄影法那种清晰的影像和细致的影纹，又像卡罗式摄影 法那样，能迅速而经济地在像纸上印制照片。 这就需要一种较好的负片形式，就是说，要用透明的片基来代替纸基。现在所知道的”胶片”，那时还没有。那当然只有用透明的玻璃板了。但是，能为纸基所吸收的感光化学药品，却很难附着于光滑的玻璃表面上。

早在1839年，科学家J·赫谢尔爵士曾在这方面做过试验，他把一块玻璃放在一盆氯化银溶液下面，让氯化银溶液慢慢地沉积在玻璃板上。这样做既慢又不实际，冲洗液是很容易将氯化银沉积层冲走的。关键是要找到一种”胶合剂”，一种透明的粘性物质，它既可将感光化学药品附着于玻璃表面上，又使附着的药品经受得起冲洗液的化学作用。开始时，蛋白似乎是最好的胶合剂。所以，N·尼埃普斯的侄子尼埃普斯·戴圣维多(Niepce de Saint-Victor)曾于1847年取得”蛋白玻璃”(albumen-on-glass)摄影法的专利权。但能混合于蛋中之中的感光化学药品的分量是极有限的。因此，蛋白玻璃的感光速度实在太慢了，不能用来拍摄人像之类的照片。

用蛋白涂于像纸上，效果较佳，因为像纸不需要太高的感光速度。蛋白像纸(albumen paper)的影像质量很好，不像塔尔博特的银盐像纸那样易于退色，而且，还有一层很吸引人的光滑面。你也可以在蛋白板上印制照片，供幼灯放映用。长期以来，人们都用幼灯放映那些画在玻璃板上的图像，现在，有了摄影，就可以把幼灯真正普及起来了。

◆ 火棉胶

1851年是英国的重要的一年。那时，正是工业革命的高峰。在伦敦，他们举办了一个"重大的展览"(The Great Exhibition)，展出了几年来在科学上、艺术上和制造业上的成就。许多论文在发表，许多文件在宣读，许多情报在交换。在这沸腾的热潮中，一位不知名的伦敦雕塑家F·S·阿切尔(Frederick Scott Archer)，带来了一个有关他的试验工作的消息。像别的许多人一样，阿切尔想用玻璃板来改进摄影的影纹质量。他发现，一种名为”火棉胶”的粘性液体，是很好的胶合剂。火棉胶是用硝化棉溶于乙醚和酒精而成，几年前，曾被用来修补衣服的破口—将火棉胶涂于破口上，干后即形成一层硬而透明的保护薄膜。

图6-21

12 选中页面4中图6-22所示的文字，设置其字体为楷体，字号为10点，左缩进30毫米，右缩进30毫米，段后距2毫米。将设置好的文字属性定义为“图说”段落样式。

雕塑家兼摄影家F·S·阿切尔，于1851年发明革命性的火棉胶”湿板”摄影法

早期的10×12英寸湿板底片

图6-22

13 按【Ctrl】+【D】快捷键，导入图6-23所示的照片。

图6-23

14 选中图片，单击控制面板中的上下型环绕，如图6-24所示。

3、 将已曝光的像纸用清水漂洗片刻后，一般先用氯化金溶液将影像漂成棕黑色，然后置于海波中定影，接着水洗和晾干。

这个新的摄影法有4个主要优点：

1、 底片影纹极清晰，可用蛋白像纸无限量地印制永久性的、能清晰地显示出真实景物的像片。

2、 价钱低廉。一幅达盖儿式照片的价钱，约相当于12幅蛋白像纸照片。

3、 阿切尔从来没有对他的方法实行专利，所以，任何人都可以免费使用火棉胶摄影法。

4、 它的光敏度比卡罗式摄影法和蛋白玻璃摄影法都高。

因此，这个摄影法，几乎立即就成为英国的主要摄影法，并在几年内，也成为欧洲和美洲的主要摄影法。

那时，成千上成的人民、艺术家、科学家和旅游者，都以严肃的态度看待摄影。实际上，这是摄影的新生：它是第一个真正令人满意的、影像清晰的负片和正片摄影法。大部分人都拿这些新的像纸照片和清晰的但不能复印的达盖儿式照片相比较。五年内，就再没有人拍摄达盖儿式或卡罗式的照片了。

雕塑家兼摄影家F·S·阿切尔，于1851年发明革命性的火棉胶”湿板”摄影法

图6-24

15 同理，导入本书中其他的图片，一直排版到页面16。图6-25和图6-26所示是其中几页的效果。

图6-25

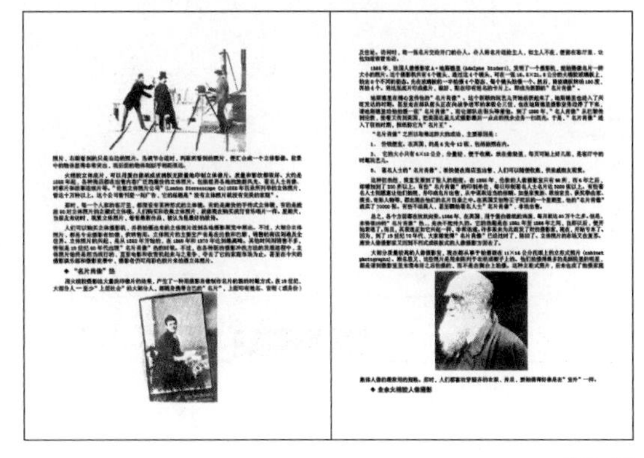

图6-26

16 进入页面17，选中从“广告百年”至全文最后一段的文字，将其剪切出来，重新创建一个文本框，并将其粘贴至文本框，如图6-27所示。

广告百年
[1850 —— 1899] 印刷业的发展，使报纸走进平民生活，当时的报纸广告以白描的手法，平铺直叙地阐述产品特性，风格朴素而率真。而到了后期，印刷术的飞跃发展：平版印刷使得印刷画面更精美，色泽更真实。海报开始充斥大街小巷，这个时期是海报的黄金时代，而搜集海报成了时尚。
[1900 —— 1909] 这个时期，一些杰出的广告人致力于广告的学术理论研究，Harlow gale 的《广告心理学》、Walter Dill《广告原理学》相继问世，现代广告雏型形成。一些大型企业也有意识地长年地塑造良好形象，此时的海报广告造型以绘画为主，但也加强了线条与色彩的运用。
[1910 —— 1919] 在战争的刺激下，交通事业迅速发展、报纸发行量激增，其时广告社形成。美术领域的多元化发展，也导致广告的多元表现。
[1920 —— 1929] 汽车的普及、爵士乐的流行以及分期付款的发明，使人们的消费热情日渐高涨，市场的竞争更趋白热化。但此时的广告风格没有大的突破，主要是启用电影明星，利用其的号召力，以期打开市场。
[1930 —— 1939] 经济大萧条时期，企业开始注重产品宣传前的市场调研及整体规划，

图6-27

17 由于页面17中文字未全部显示，使用选择工具单击文本框右下角的溢出字符标记，然后在页面18中使用鼠标左键拖曳一个文本框，导入未显示的文本，如图6-28所示。

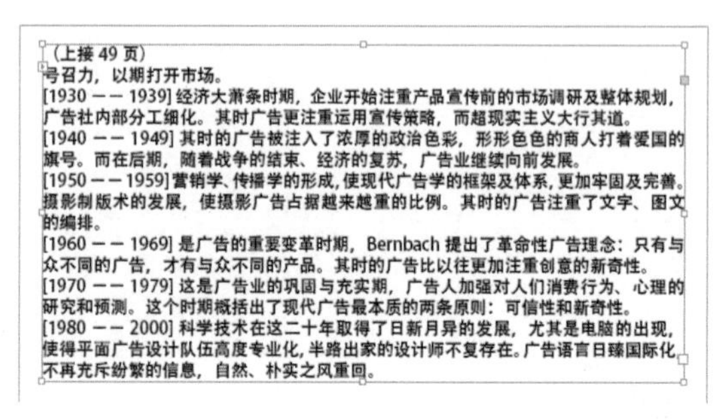
（上接 49 页）
号召力，以期打开市场。
[1930 —— 1939] 经济大萧条时期，企业开始注重产品宣传前的市场调研及整体规划，广告社内部分工细化。其时广告更注重运用宣传策略，而超现实主义大行其道。
[1940 —— 1949] 其时的广告被注入了浓厚的政治色彩，形形色色的商人打着爱国的旗号。而在后期，随着战争的结束、经济的复苏，广告业继续向前发展。
[1950 —— 1959] 营销学、传播学的形成，使现代广告学的框架及体系，更加牢固及完善。摄影制版术的发展，使摄影广告占据越来越重的比例。其时的广告注重了文字、图文的编排。
[1960 —— 1969] 是广告的重要变革时期，Bernbach 提出了革命性广告理念：只有与众不同的广告，才有与众不同的产品。其时的广告比以往更加注重创意的新奇性。
[1970 —— 1979] 这是广告业的巩固与充实期，广告人加强对人们消费行为、心理的研究和预测。这个时期概括出了现代广告最本质的两条原则：可信性和新奇性。
[1980 —— 2000] 科学技术在这二十年取得了日新月异的发展，尤其是电脑的出现，使得平面广告设计队伍高度专业化，半路出家的设计师不复存在。广告语言日臻国际化，不再充斥纷繁的信息，自然、朴实之风重回。

图6-28

18 选中文字“广告百年”，将其应用“章标题”段落样式，其他段落应用“正文”样式。在最后一行手动输入“（下转80页）”的导视语，如图6-29所示。

广告百年

[1850 —— 1899] 印刷业的发展，使报纸走进平民生活，当时的报纸广告以白描的手法，平铺直叙地阐述产品特性，风格朴素而率真。而到了后期，印刷术的飞跃发展：平版印刷使得印刷画面更精美，色泽更真实。海报开始充斥大街小巷，这个时期是海报的黄金时代，而搜集海报成了时尚。

[1900 —— 1909] 这个时期，一些杰出的广告人致力于广告的学术理论研究，Harlow gale 的《广告心理学》、Walter Dill《广告原理学》相继问世，现代广告雏型形成。一些大型企业也有意识地长年地塑造良好形象，此时的海报广告造型以绘画为主，但也加强了线条与色彩的运用。

[1910 —— 1919] 在战争的刺激下，交通事业迅速发展、报纸发行量激增，其时广告社形成。美术领域的多元化发展，也导致广告的多元表现。

[1920 —— 1929] 汽车的普及、爵士乐的流行以及分期付款的发明，使人们的消费热情日渐高涨，市场的竞争更趋白热化。但此时的广告风格没有大的突破，主要是启用电影明星，利用其的

（下转 80 页）

图6-29

19 使用矩形工具沿文本框边缘创建一个图形，设置其描边颜色为C78、M30、Y10、K0，粗细为5点，类型为空心菱形，如图6-30所示。同理，为页面18也绘制这样一个矩形。

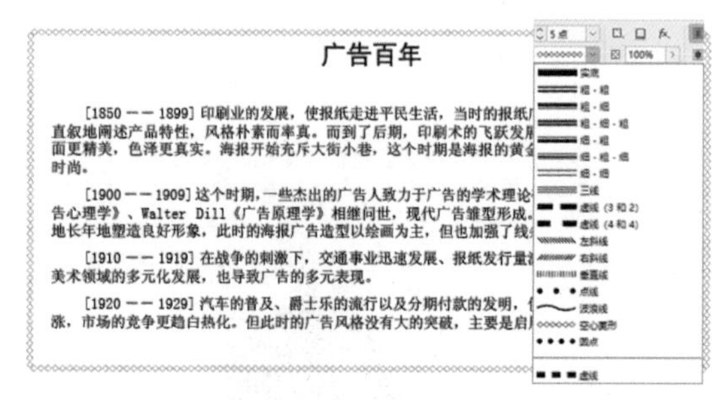
广告百年

[1850 —— 1899] 印刷业的发展，使报纸走进平民生活，当时的报纸
直叙地阐述产品特性，风格朴素而率真。而到了后期，印刷术的飞跃发展
面更精美，色泽更真实。海报开始充斥大街小巷，这个时期是海报的黄金
时尚。

[1900 —— 1909] 这个时期，一些杰出的广告人致力于广告的学术理论
告心理学》、Walter Dill《广告原理学》相继问世，现代广告雏型形成。
地长年地塑造良好形象，此时的海报广告造型以绘画为主，但也加强了线

[1910 —— 1919] 在战争的刺激下，交通事业迅速发展、报纸发行量
美术领域的多元化发展，也导致广告的多元表现。

[1920 —— 1929] 汽车的普及、爵士乐的流行以及分期付款的发明，
涨，市场的竞争更趋白热化。但此时的广告风格没有大的突破，主要是启

图6-30

20 进入“A-主页”的左页，在页眉位置使用直线工具创建一条长70毫米的直线，设置其粗细为2点，类型为“粗-细”，距上页边18毫米，如图6-31所示。

图6-31

21 为保证这条直线的出血位，手动将直线水平拉长至出血线，如图6-32所示。

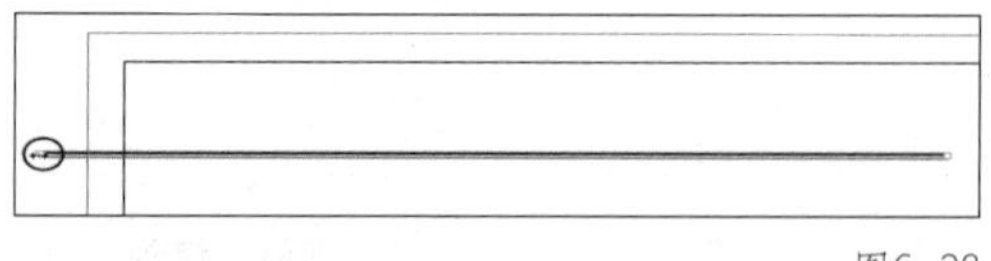

图6-32

22 使用文字工具在直线的上方创建一个文本框，输入文字“•摄影史•”，设置其字体为楷体，字号为12点，如图6-33所示。

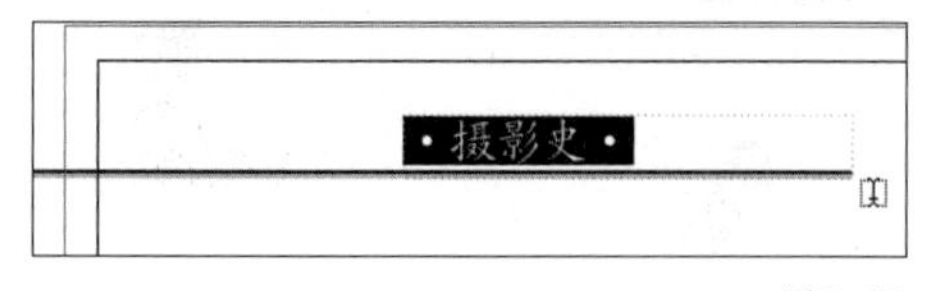

图6-33

23 设置其对齐方式为全部强制双齐，这样文字可自动调整字间距与文本框的范围对齐，如图6-34所示。同理，将文字复制到右页。

图6-34

24 设置页码，在“A-主页”的左页下方创建一个文本框，按【Ctrl】+【Alt】+【Shift】+【N】快捷键插入主页页码，在主页中页码以字母A表示，如图6-35所示。

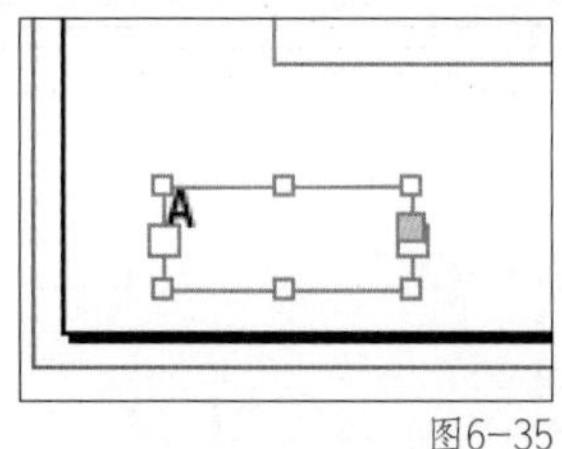

图6-35

25 在字母A的两侧各输入符号“-”，选中“-A-”将其居中对齐于文本框，如图6-36所示。

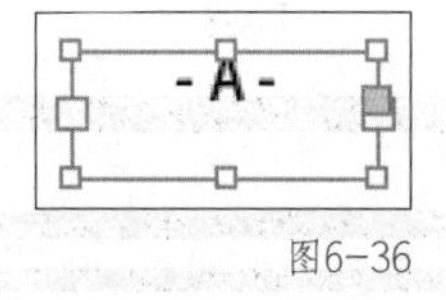

图6-36

26 将设置好的页码复制到右页，并调整到合适的位置，如图6-37所示。此时观察正文页面，所有的页面下方都出现了阿拉伯数字的页码，并且页码是自动排序的。

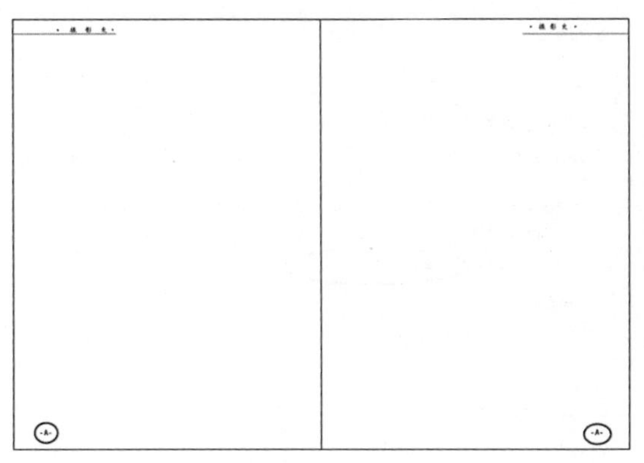

图6-37

27 制作目录，进入页面1，执行“版面→目录”命令，在打开的“目录”对话框中单击“其他样式”中的“章标题”将其添加到“包含段落样式”中，同理，依次添加“节标题”和“小标题”样式，如图6-38所示。

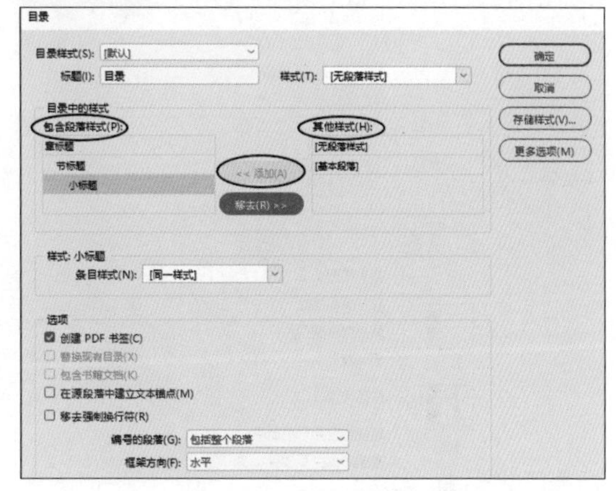

图6-38

28 单击“确定”按钮后，在页面1中使用鼠标左键拖曳一个范围将目录填充到文本框中，如图6-39所示。

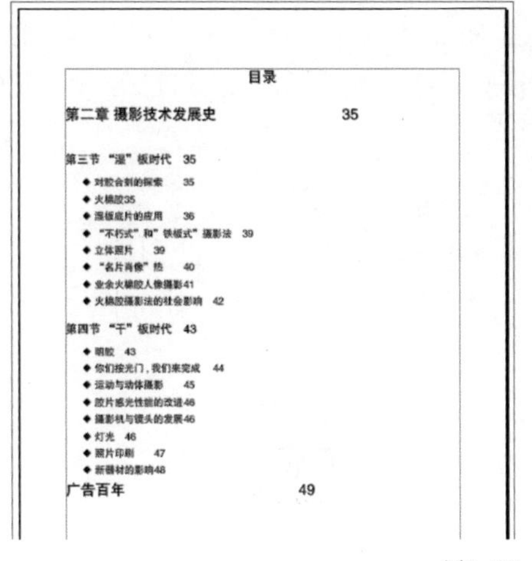

目录

第二章 摄影技术发展史 35

第三节 “湿”板时代 35
- 对胶合剂的探索 35
- 火棉胶35
- 湿板底片的应用 36
- “不朽式”和“铁板式”摄影法 39
- 立体照片 39
- “名片肖像”热 40
- 业余火棉胶人像摄影41
- 火棉胶摄影法的社会影响 42

第四节 “干”板时代 43
- 明胶 43
- 你们按光门，我们来完成 44
- 运动与动体摄影 45
- 胶片感光性能的改进46
- 摄影机与镜头的发展46
- 灯光 46
- 照片印刷 47
- 新器材的影响48

广告百年 49

图6-39

29 选中所有文字，执行“文字→制表符”命令，弹出图6-40所示的面板，可以看到面板的定位标尺的宽度和当前文本框的宽度保持一致。

图6-40

30 在定位标尺上单击添加一个默认为右对齐的制表符，如图6-41所示。

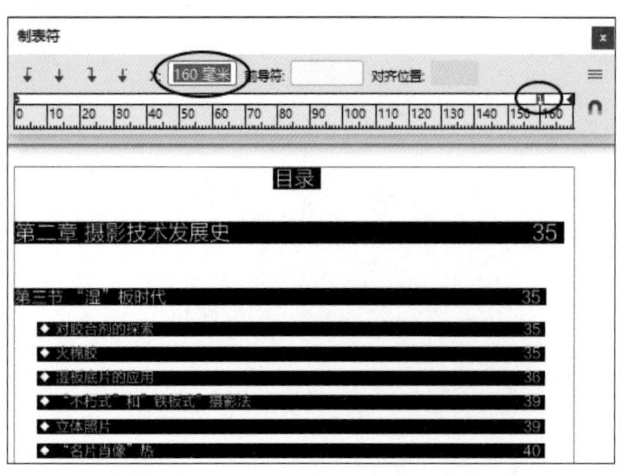

图6-41

31 在前导符中输入“.”，按【Enter】键确认，得到目录效果如图6-42所示。

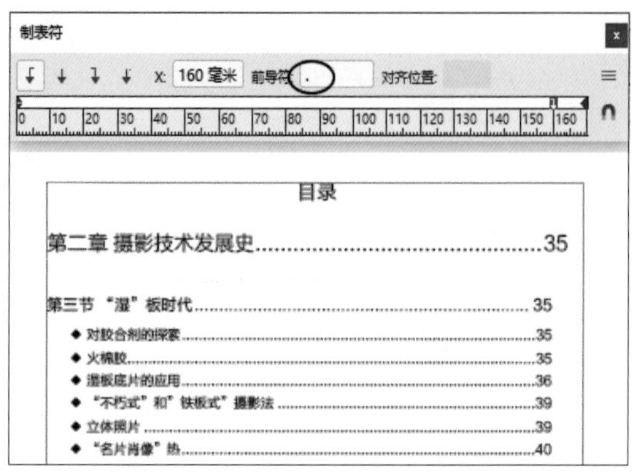

图6-42

32 将页面1的页码样式设置为罗马数字的样式，以示和其他页面的区别。在“页面”面板中选中页面1，单击鼠标右键，执行右键菜单中的“页码和章节选项”命令，在弹出的对话框中，选择起码页码为1，样式选择罗马字符，如图6-43所示。

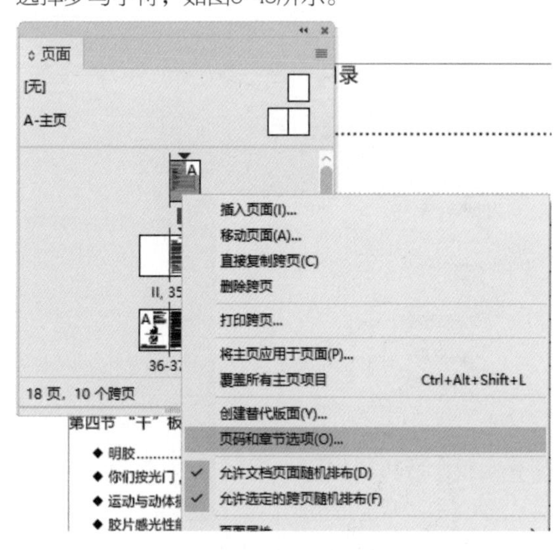

图6-43

33 单击“确定”按钮，可以看到页面1的页码变为了罗马数字样式，如图6-44所示。

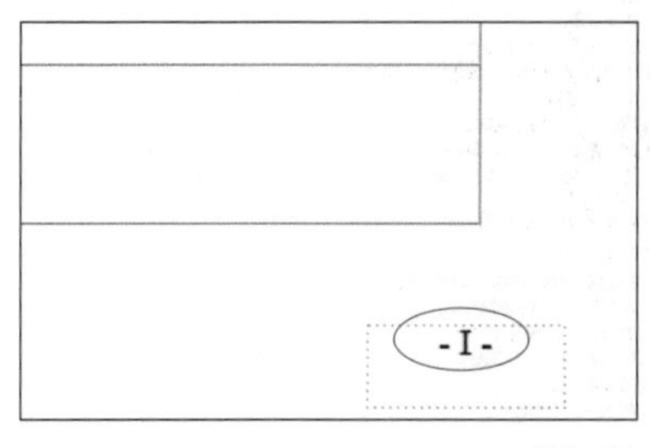

图6-44

34 按住鼠标左键将“无”主页拖到页面2的页面缩略图上，将页面2页保留为空白的页面，如图6-45所示。

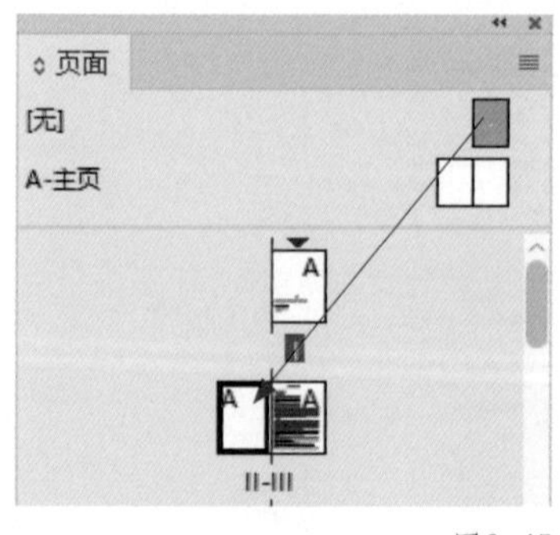

图6-45

35 在“页面”面板中选中页面3，单击鼠标右键，执行右键菜单中的“页码和章节选项”命令，在弹出的对话框中，选择“起始页码”选项，在其输入框中输入35，如图6-46所示。

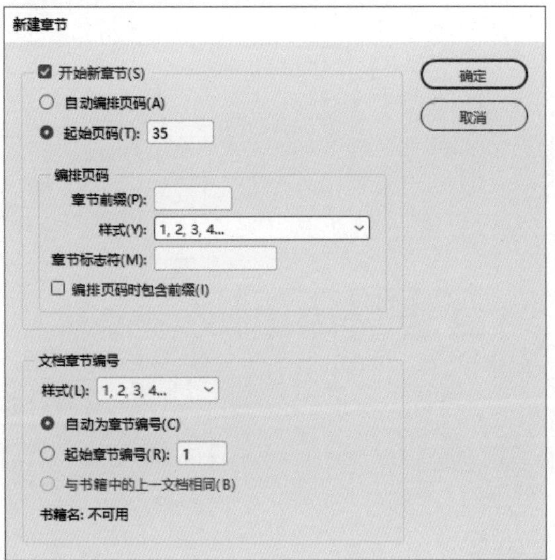

图6-46

36 单击“确定”按钮，可以看到原来页面3的页码改为了第35页，如图6-47所示。

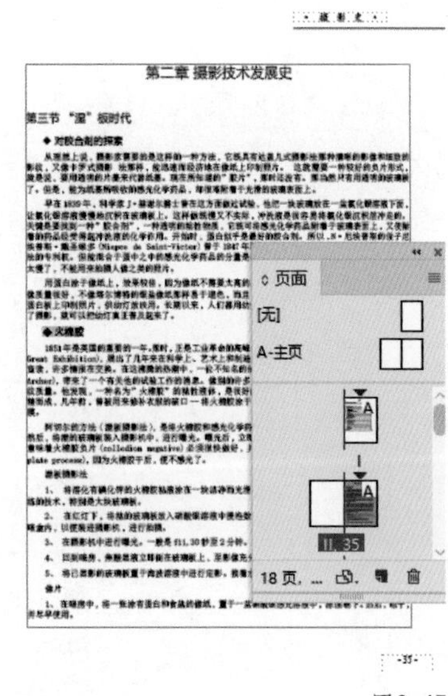

图6-47

37 同理，将页面18设置起码页码为80，如图6-48所示。到此本书籍排版案例结束。

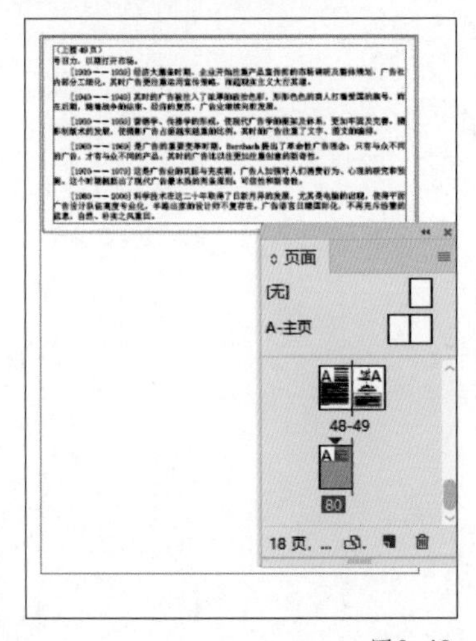

图6-48

提示 在实际的书籍或杂志排版中经常需要修改页码的原本的排序以达到排版要求。

第 7 章
颜色系统、工具和面板

InDesign CC 2019提供了大量用于应用颜色的工具，包括工具箱、“色板”面板、“颜色”面板、“拾色器”面板和控制面板。

应用颜色时，用户可以指定将颜色应用于对象的描边或填色。描边作用于对象的边框（即框架），填色作用于对象的背景。将颜色应用于文本框架时，用户可以指定颜色变化影响文本框架还是框架内的文本。

本章将针对颜色系统的相关知识进行讲解。

7.1 应用颜色

7.1.1 使用拾色器选择颜色

使用“拾色器”面板可以从色域中选择颜色，或以数字方式指定颜色。用户可以使用 RGB、Lab 或 CMYK 颜色模型来定义颜色。

双击工具箱或“颜色”面板中的“填色”按钮或“描边”按钮，可打开“拾色器”面板，如图7-1所示。

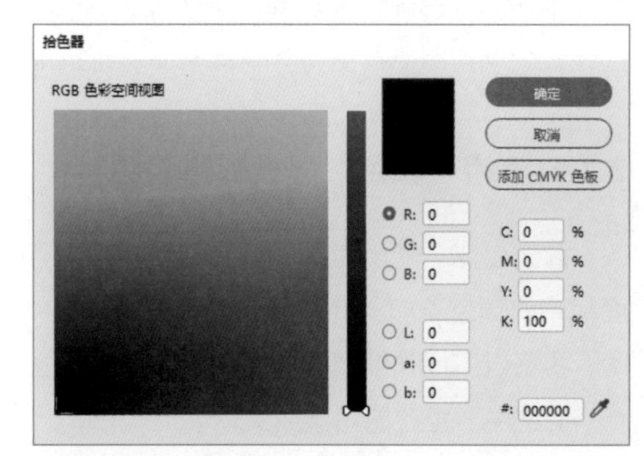

图7-1

7.1.2 移去填色或描边颜色

（1）选择要移去颜色的文本或对象。

（2）在工具箱中，单击“填色”按钮或“描边”按钮。

（3）单击“无”按钮☐以移去该对象的填色或描边。

7.1.3 通过拖放应用颜色

一种简单应用颜色或渐变的方法是将其从颜色源拖到对象或面板上。通过拖放，不需要选择对象即可将颜色或渐变应用于对象。

下列各项可以实现拖曳以应用颜色或渐变。

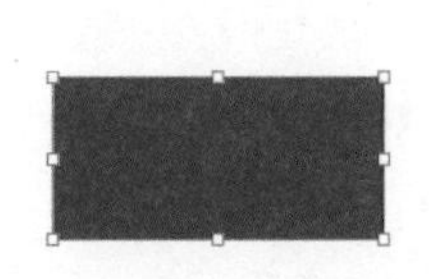

图7-2

（1）“色板”面板中的颜色，如图7-2所示。

（2）“渐变”面板中的渐变框，如图7-3所示。

（3）将“色板”面板中的颜色直接拖到“渐变”面板中的渐变色条上，如图7-4所示。

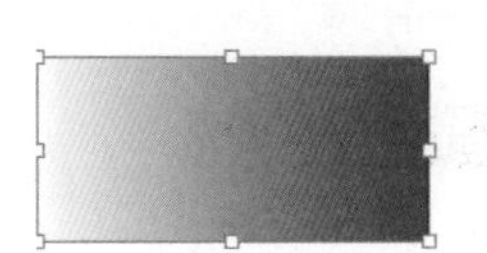

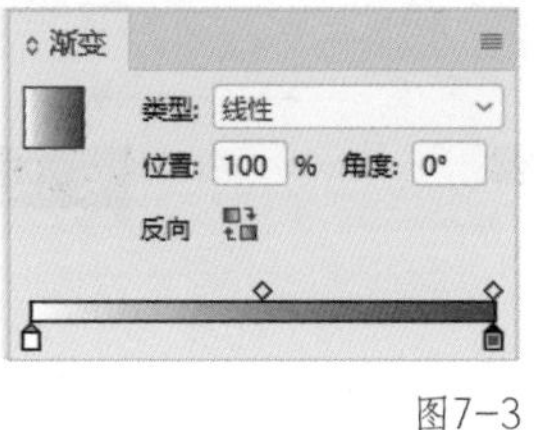

图7-3

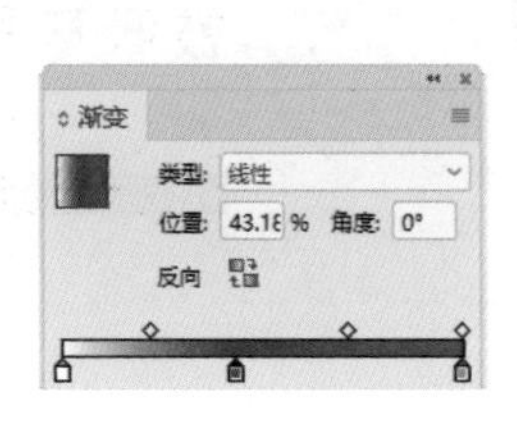

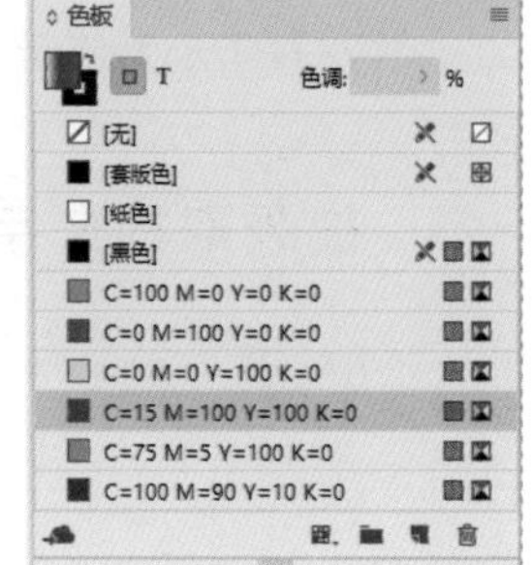

图7-4

7.1.4 应用颜色色板或渐变色板

使用选择工具选中一个文本框架或对象框架，或使用文本工具选中一个文本范围，单击色板上的颜色或“渐变”面板上的渐变色，所选颜色或渐变将应用到任何选定的文本或对象，并将在“颜色”面板中以及工具箱的填色框或描边框中显示。

7.1.5 使用“颜色”面板应用颜色

除了使用“色板”面板，还可以使用“颜色”面板来混合颜色，可以随时将当前“颜色”面板中的颜色添加到“色板”面板中。

执行以下操作编辑填色或描边颜色。

1. 选中要更改的对象或文本。

2. 执行“窗口→颜色→颜色”命令，打开图7-5所示的“颜色”面板。

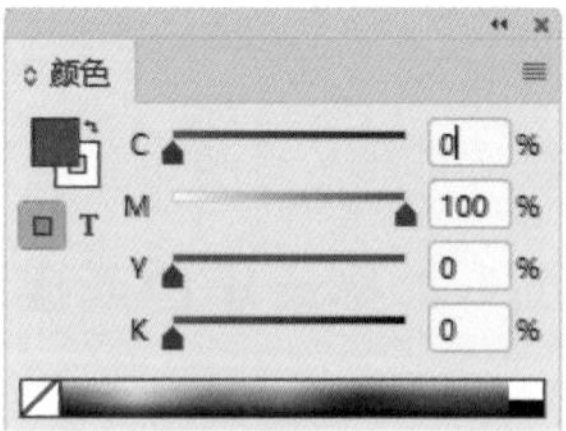

3. 执行“颜色”面板中的“填色”或“描边”命令。

4. 执行以下操作之一，调节颜色。

图7-5

（1）调节“颜色”面板中的色调滑块。

（2）在“颜色”面板菜单中选择一个 Lab、CMYK 或 RGB 颜色模型（一般情况下都选择CMYK模式，因为是用于印刷的排版设计），使用滑块更改颜色值或在颜色滑块旁边的文本框中输入数值。

（3）将指针放在颜色色谱上并单击选择颜色。

（4）双击“填色”或“描边”框，并从拾色器中选择一种颜色，然后单击“确定”按钮。

7.1.6 使用吸管工具应用颜色

使用吸管工具从InDesign CC 2019文件的任何对象（包括导入图形）复制填色和描边属性（如颜色）。默认情况下，吸管工具会载入对象的所有可用的填色和描边属性，并为任何新绘制对象设置默认填色和描边属性。

使用“吸管选项”对话框可以更改吸管工具所复制的属性，使用吸管工具还可以复制文字属性和透明度属性。

图7-6所示为使用吸管吸取文字属性的过程。

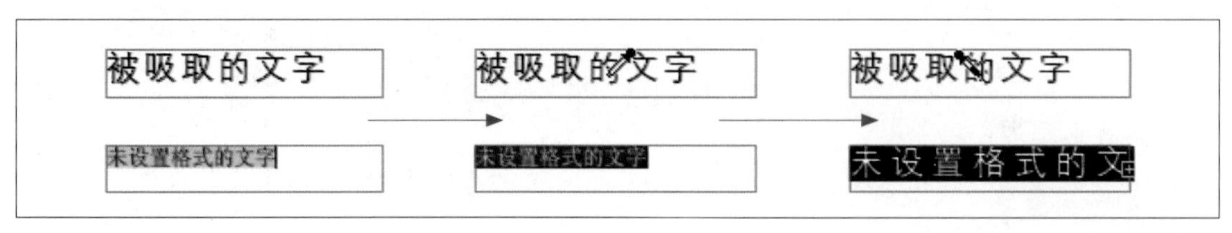

图7-6

7.2 使用色板

7.2.1 “色板”面板概述

利用“色板”面板，可以创建和命名颜色、渐变或色调，并将它们快速应用于文档。色板类似于段落样式和字符样式，无需定位和调节每个单独的对象。用户对色板所做的任何更改将影响应用该色板的所有对象。应用色板使修改颜色方案变得更加容易。

当所选文本或某个对象的填色或描边中包含从“色板”面板应用的颜色或渐变时，应用的色板将在“色板”面板中突出显示。

在文档中创建的色板仅与当前文档相关联，每个文档都可以在其“色板”面板中存储一组不同的色板。

7.2.2 色板类型

1. 复制色板

在“色板”面板中将一个颜色色板拖曳到面板底部的“新建色板”按钮上即可复制色板。复制色板经常在创建现有颜色的更暖或更冷的效果时使用。

2. 编辑色板

使用“色板选项”对话框可以更改色板的各个属性。

在“色板”面板中选择一个颜色色板，双击该颜色色板，弹出图7-7所示的“色板选项”对话框，在此面板中对颜色色板的各个属性进行调整，然后单击“确定”按钮即可完成对当前颜色色板的编辑。

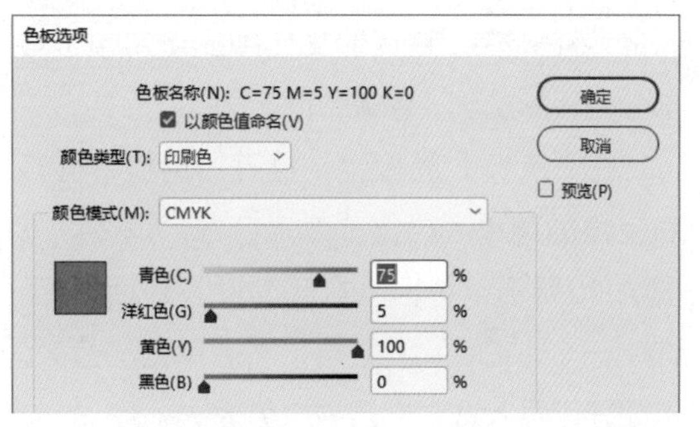

图7-7

3. 控制色板名称

默认情况下，印刷色色板的名称来自不同颜色成分的值。例如，如果使用10%的青色、75%的洋红色、100%的黄色和 0%的黑色创建红色印刷色，在默认情况下，其色板将自动命名为“C=10 M=75 Y=100 K=0”，如图7-8所示。

这种默认的命名方式使用户可以快速识别组成每种印刷色的颜色比例。

C=100 M=0 Y=0 K=0
C=0 M=100 Y=0 K=0
C=0 M=0 Y=100 K=0
C=10 M=75 Y=100 K=0
C=15 M=100 Y=100 K=0
C=75 M=5 Y=100 K=0
C=100 M=90 Y=10 K=0

图7-8

印刷色色板的名称可以随时更改。双击“色板”面板中的一个印刷色，会弹出“色板选项”对话框，在打开的“色板选项”对话框中取消“以颜色值命名”的选项，然后在色板名称中输入自定义的色板名称，单击“确定”按钮即可，如图7-9所示。

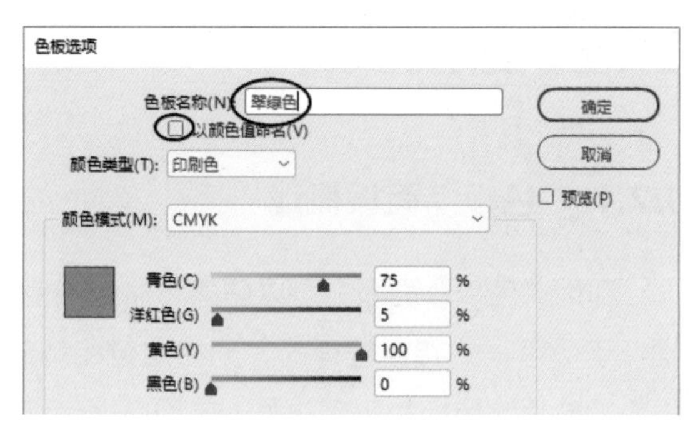

图7-9

4. 删除色板

选择一个或多个色板，在“色板”面板菜单中，执行“删除色板”命令或单击“色板”面板底部的“删除”按钮，即可删除多余的色板。

5. 存储色板以用于其他文档

要将现有的颜色色板用于其他文件或与其他设计师共享，用户可以将颜色色板存储到一个Adobe 色板交换文件 (.ase) 中。

在“色板”面板中，选择要存储的色板，然后执行“色板”面板菜单中的“存储色板”命令，为该文件指定名称和位置，并单击“保存”按钮即可。

6. 导入色板

InDesign CC 2019支持从其他文档导入颜色和渐变，将其他文档中的所有色板或部分色板添加到“色板”面板中。

在“色板”面板中，打开“色板”面板右上角的菜单，执行“载入色板”命令，如图7-10所示，弹出“打开文件”对话框后，选中一个 InDesign文档，然后单击“打开”按钮即可导入选中文档中的色板。

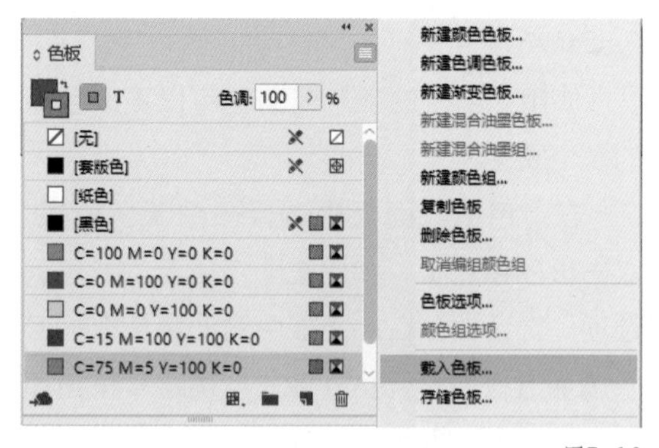

图7-10

7.3 色调

色调是经过加网而变得较浅的一种颜色版本。色调是给专色带来不同颜色深浅变化的比较经济的方法，不必支付额外专色油墨的费用。色调也是创建较浅印刷色的快速方法，尽管它并未减少四色印刷的成本，如图7-11所示。

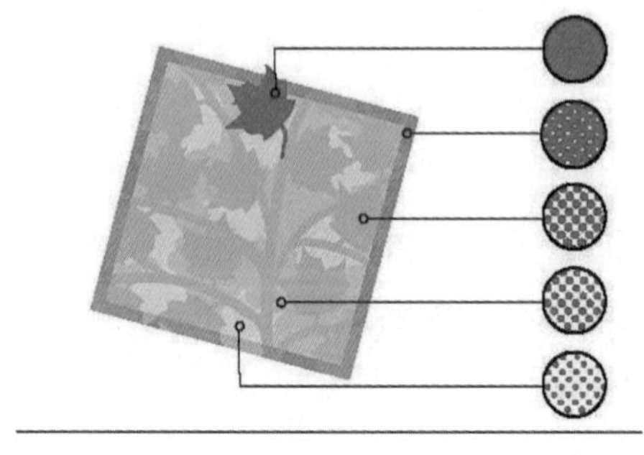

图7-11

与普通颜色一样，最好在“色板”面板中命名和存储色调，以便可以在文档中轻松编辑该色调的所有实例。

用户可以调节单个对象的色调，也可以使用“色板”面板或“颜色”面板中的“色调”滑块创建色调以满足设计要求。色调范围在 0%~100%，数字越小，色调越浅，图7-12所示是应用了不同百分比色调的图形。

由于颜色和色调会一起更新，因此如果编辑一个色板，则使用该色板中色调的所有对象都将相应进行更新，如图7-13所示。

图7-12

图7-13

7.4 渐变

7.4.1 关于渐变

渐变是多种颜色之间或同一颜色的两个色调之间的逐渐混和，渐变可以包括纸色、印刷色、专色或使用任何颜色模式的混合油墨颜色。使用不同的输出设备将影响渐变的分色方式。

渐变是通过渐变条中的一系列色标定义的。色标是指渐变中的一个点，渐变在该点从一种颜色变为另一种颜色，色标由渐变条下的彩色方块标识。默认情况下，渐变以两种颜色开始，中点在50%。

7.4.2 创建渐变色板

使用“色板”面板可以创建、命名和编辑渐变色板。

执行以下步骤创建渐变色板。

（1）执行“窗口→颜色→色板”命令，打开“色板”面板。

（2）在“色板”面板菜单中，执行“新建渐变色板”命令，打开“新建渐变色板”对话框。

（3）在对话框的色板名称框内键入渐变的名称。

（4）渐变类型选择“线性”或“径向”选项。

（5）调整渐变色标的颜色。

（6）完成其他属性设置，单击“确定”按钮，如图7-14所示。

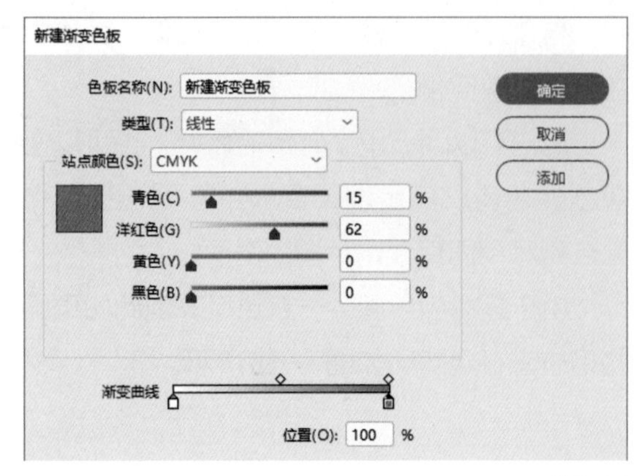

图7-14

7.4.3 修改渐变

用户可以通过添加颜色以创建多色渐变或通过调整色标和中点来修改渐变。最好将要进行调整的渐变作为填色应用于某一对象，以便在调整渐变的同时在对象上预览效果。

1. 向渐变添加中间色

单击“渐变”面板中渐变条下的任意位置定义一个新色标。新色标将由现有渐变色条上该位置处的颜色值自动定义，如图7-15所示。

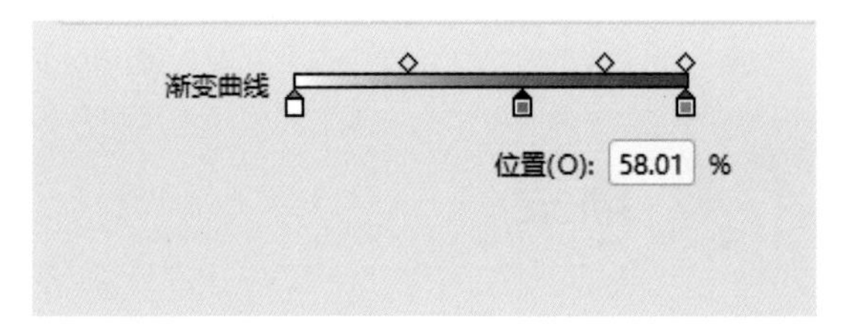

图7-15

将颜色色板从“色板”面板拖曳到“渐变”面板的渐变色条上，以定义一个新色标。

2. 从渐变中移去中间色

单击选中色标，然后将其拖到面板的边缘，即可除去渐变的中间色。后拖过去的色标颜色将遮盖下层颜色，可拖曳色标调整末端的颜色。

3. 反转渐变的方向

在“渐变”面板中，单击“反向”按钮即可反转渐变的方向。

4. 使用渐变工具调整渐变

用渐变填充对象后，可通过如下方式修改渐变。

（1）使用渐变色板工具或渐变羽化工具沿假想线拖曳以便为填充区“重新上色”。

（2）使用渐变工具可以更改渐变的方向、渐变的起始点和结束点，还可以跨多个对象应用渐变。图7-16左边是默认的渐变填色，右边是跨对象应用的渐变。

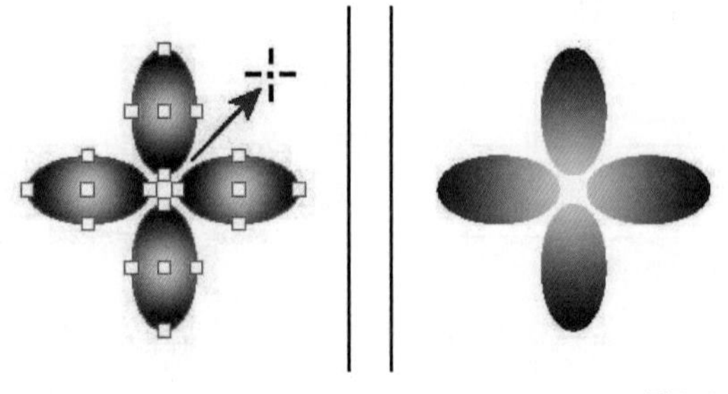

图7-16

（3）使用渐变羽化工具可以沿拖曳的方向柔化渐变。

执行以下步骤调整渐变效果。

（1）在“色板”面板或工具箱中，根据原始渐变的应用位置执行“填色”命令或“描边”命令。

（2）使用渐变色板或渐变羽化工具，将其置于要定义渐变起始点的位置，沿着要应用渐变的方向拖曳对象。

（3）在要定义渐变端点的位置释放鼠标。

7.4.4 将渐变应用于文本

在单个文本框架中，用户可以在默认的黑色文本和彩色文本旁边创建多个渐变文本范围。

渐变的端点始终根据渐变路径或文本框架的定界框定位，各个文本字符显示它们所在位置的渐变部分，如图7-17所示。

如果调整文本框架的大小或进行其他可导致文本字符重排的更改，则会在渐变中重新分配字符，并且各个字符的颜色也会相应更改。

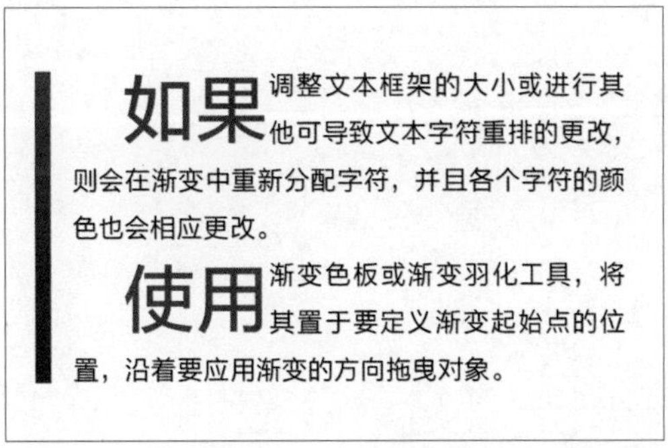

图7-17

第 8 章
表格的使用

在设计工作中，经常需要处理一些表格。本章主要讲解在InDesign CC 2019中创建和编辑表格。

8.1 创建表和表中的元素

8.1.1 创建表

表是由单元格的行和列组成。单元格类似于文本框架，可在其中添加文本、定位框架或图片，还可以在一个表中嵌入另一个表。

创建表可以在InDesign CC 2019中完成，也可以从其他应用程序中导入。用户可以从头开始创建表，也可以将现有文本转换为表。

创建一个表时，新建表的宽度与作为容器的文本框的宽度一致。表的插入点位于行首时，表插在同一行上；插入点位于行中间时，表插在下一行上。

表随周围的文本一起流动，就像随文图。例如，当改变表上方文本的大小或添加、删除文本时，表会在串接的框架之间移动。但是，表不能在路径文本框架上显示。

用创建横排表的方法创建直排表。表的排版方向取决于用来创建该表的文本框架的排版方向，文本框架的排版方向改变时，表的排版方向会随之改变，在框架网格内创建的表也是如此。但是，表中单元格的排版方向是可以改变的，与表的排版方向无关。

1. 从头开始创建表

使用文字工具T，将插入点放置在要显示表的位置，执行“表→插入表”命令，弹出图8-1所示的“插入表”对话框，在对话框中指定正文行数以及列数。当表中内容需跨多个列、多个框架或多个页面重复出现，例如表头，可通过指定表头行或表尾行的数量实现。

创建的表的宽度将与文本框架的宽度一致。

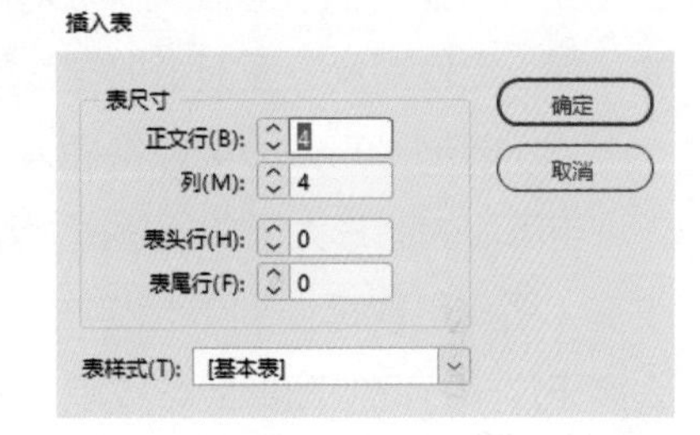

图8-1

2. 从现有文本创建表

将文本转换为表之前，一定要正确设置文本。

（1）要转换文本，使用制表符分隔列；使用回车符分隔行，如图8-2所示。

第一章　　国学心解　　1-10
第二章　　禅修门径　　11-20

图8-2

（2）使用文字工具，选择要转换为表的文本。

（3）执行“表→将文本转换为表”命令，在弹出的对话框中直接单击“确认”按钮，即可得到图8-3所示的表格。

第一章	国学心解	1-10
第二章	禅修门径	11-20

图8-3

3. 向表中嵌入表

可通过以下两种方式实现向表中嵌入表。

（1）选择要嵌入的单元格或表，执行“编辑→复制”命令，将插入点放置在要插入该表的单元格中，执行“编辑→粘贴”命令。

（2）单击选中嵌入表的单元格，执行“表→插入表”，在弹出的对话框中指定行数和列数，然后单击“确定”按钮。

4. 从其他应用程序导入表

使用“置入”命令导入包含表的Word文档或导入Excel 电子表格时，在弹出的“置入”面板中勾选“显示导入选项”选项，选中文件后，单击“打开”按钮，弹出“导入选项”对话框，可通过此对话框控制导入的内容。

用户可以将 Excel 电子表格或Word表中的数据粘贴到InDesign CC 2019文档中。

8.1.2 向表中添加文本和图形

1. 添加文本

使用文字工具，将插入点放置在需要键入文字的单元格中，键入文本即可。按【Enter】键即可在同一单元格中新建一个段落。

2. 添加图形

可通过以下3种方式添加图形。

（1）将插入点放置在要添加图形的位置，执行“文件→置入”命令，置入需要的图形。

（2）将插入点放置在要添加图形的位置，执行“对象→定位对象→插入”命令，在弹出的“插入定位对象”面板中指定设置，然后单击“确定”按钮。

（3）复制图形或框架，将插入点放置在要添加图形的位置，执行“编辑→粘贴”命令。

当添加的图形大于单元格时，单元格的高度会扩展以便容纳图形，但是单元格的宽度不会改变，图形可能延伸到单元格右侧以外的区域。如果放置图形的行高已设置为固定高度，那么高于这一行高的图形会导致单元格溢流。

为避免单元格溢流，最好先将图像放置在表外，调整图像的大小后再将图像粘贴到单元格中。

8.1.3 添加表头和表尾

创建长表时，该表可能会跨多个栏、框架或页面，此时在创建表时可设置表头行数和表尾行数，这样在表拆开部分的顶部或底部会出现设置的表头、表尾需要重复出现的信息，如图8-4所示。

Mountain Pass	Length km	Altitude m	Average %	Category
Col de la Ramaz	14.3	1619	6.9	****
Col du Télégraphe	12.1	1586	6.8	*****
Col du Galibier	18.5	2645	6.7	*****
Col d'Izoard	19.4	2360	5.9	*****
Col de Lauteret	25.5	2058	4.0	****
L'Alpe d'Huez	14.1	1850	8.0	****

Mountain Pass	Length km	Altitude m	Average %	Category
Luz Ardiden	13.4	1715	7.6	*****
Col de Portet d'Aspet	5.9	1069	6.8	**
Col de Mente	7.0	1349	8.2	***
Col d'Aspin	12.3	1489	6.4	**
Col du Tourmalet	17.1	2114	7.4	*****
Col de Peyresourde	13.0	1563	7.0	*****

图8-4

1. 将现有行转换为表头行或表尾行

（1）选择表顶部的行以创建表头行，或选择表底部的行以创建表尾行。

（2）执行“表→转换行→作为表头”或“作为表尾”命令。

2. 更改表头行或表尾行选项

将插入点放置在表中，执行“表→表选项→表头和表尾”命令，如图8-5所示。指定表头行或表尾行的数量，可以在表的顶部或底部添加空行。指定表头或表尾中的信息是显示在每个文本栏中（如果文本框架具有多栏），还是每个框架显示一次，或是每页只显示一次。

如果不希望表头信息显示在表的第一行中，执行“跳过第一行”命令；如果不希望表尾信息显示在表的最后一行中，执行“跳过最后一行”命令。

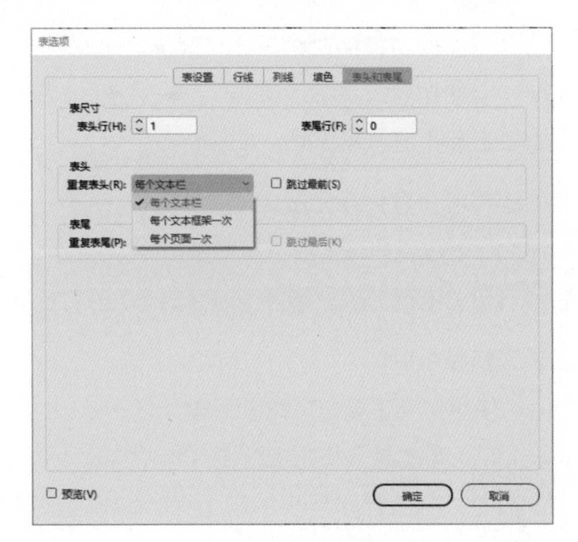

图8-5

3. 去除表头行或表尾行

执行以下操作之一可去除表头行或表尾行。

（1）将插入点放置在表头行或表尾行中，执行“表→转换行→作为正文”命令。

（2）执行“表→表选项→表头和表尾”命令，指定另外的表头行数或表尾行数。

8.2 选择和编辑表

8.2.1 选择单元格、行和列

在单元格中选择全部或部分文本时，所选内容和在文本框中选择文本一样。如果所选内容跨过多个单元格，那么单元格及其内容将一并被选择。

当表跨过多个框架或页面，将鼠标指针停放在除第一个表的表头行或表尾行以外的任何表头行或表尾行时，会出现一个锁形图标，表明不能选择该行中的文本或单元格。若要修改表头行或表尾行中的文本或单元格，需转至首个表的表头行或表尾行。

1. 选择单元格

使用文字工具 ，执行以下操作之一。

（1）选择一个单元格。单击单元格内部区域或选中文本，执行“表→选择→单元格”命令。

（2）选择多个单元格。跨单元格边框拖曳，不要拖曳列线或行线，否则会改变表的大小。

提示 按【Esc】键可在选择单元格中的所有文本与选择单元格之间进行切换。

2.选择整列或整行

使文字工具，执行以下操作之一。

（1）单击单元格内部区域或选中文本，执行“表→选择→列”或“行”命令。

（2）将指针移至列的上边缘或行的左边缘，以便指针变为箭头形状（↓或→），然后单击选择整列或整行，如图8-6所示。

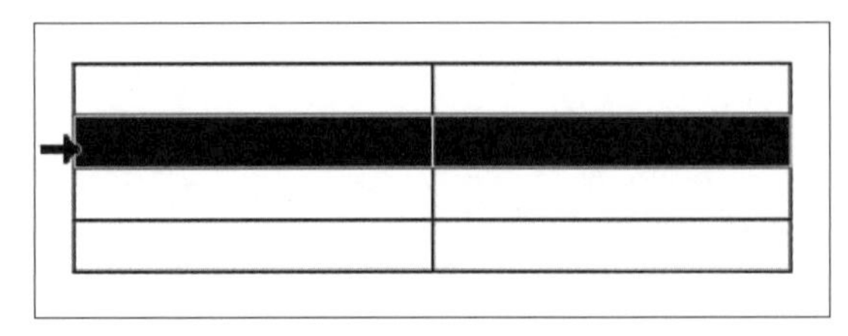

图8-6

3.选择所有表头行、正文行或表尾行

（1）在表内单击或选择文本。

（2）执行“表→选择→表头行”“正文行”或“表尾行”命令。

4.选择整个表

使用文字工具，执行以下操作之一。

（1）单击单元格内部区域或选中文本，执行“表→选择→表”命令。

（2）将指针移至表的左上角，以便指针变为箭头形状↘，然后单击选择整个表，如图8-7所示。

（3）从首个单元格拖曳到最后一个单元格。

（4）用选择定位图形的方式选择表。将插入点紧靠表的前面或后面放置，然后按住【Shift】键，同时按向右箭头键或向左箭头键以选择该表。

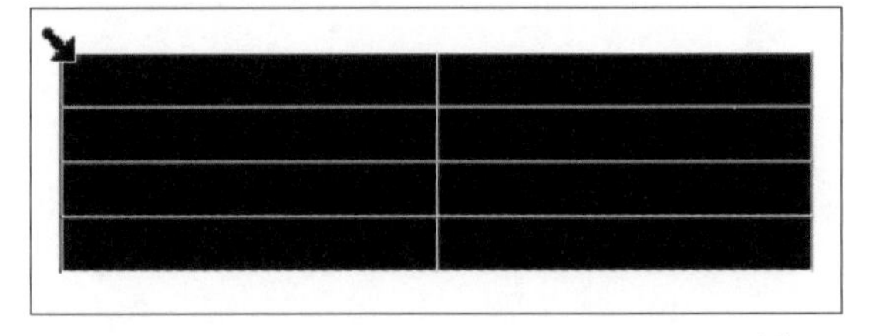

图8-7

8.2.2 插入行和列

下面讲解插入行和列的不同方法。

1.插入行

（1）将插入点放置在希望新行出现的位置的下面一行或上面一行，执行“表→插入→行”命令，指定所需插入的行数，指定新行应该显示在当前行的前面或后面，然后单击“确定”按钮。

（2）插入点位于最后一个单元格中时，按【Tab】键可创建一个新行。

提示 新的单元格将具有与插入点放置位置相同的文本格式。

2. 插入列

将插入点放置在希望新列出现位置的旁列中，执行“表→插入→列”命令，指定所需插入的列数，再指定新列应该显示在当前列的前面或后面，然后单击“确定”按钮。

3. 插入多行和多列

（1）将插入点放置在单元格中，执行“表→表选项→表设置”命令，指定需要的行数和列数，然后单击“确定”按钮。新行将添加到表的底部，新列则添加到表的右侧。

（2）执行“窗口→文字和表→表”命令打开“表”面板，使用“表”面板来更改行数和列数。

8.2.3 删除行、列或表

（1）将插入点放置在表中或在表中选择文本，执行“表→删除→行”、“列”或“表”命令。

（2）使用“表选项”对话框删除行和列。执行“表→表选项→表设置”命令，在弹出的“表选项”对话框中指定另外的行数和列数，然后单击“确定”按钮。在横排表中，行从表的底部被删除，列从表的右侧被删除；在直排表中，行从表的左侧被删除，列从表的底部被删除。

（3）使用鼠标删除行或列。将指针放置在表的下边框或右边框上，以便显示双箭头图标（↔），按住鼠标左键向上拖曳或向左拖曳，按住【Alt】键分别删除行或列。

提示　在按鼠标左键之前，按【Alt】键，会显示抓手工具，因此，一定要在开始拖曳后按【Alt】键。

（4）删除单元格的内容而不删除单元格。选择包含要删除文本的单元格，或使用文字工具选择单元格中的文本，按【Backspace】键或【Delete】键或执行“编辑→清除”命令。

8.2.4 更改框架中表的对齐方式

默认情况下表会采用其创建时所在的段落或单元格的宽度。

文本框架或表的大小可以更改，使表比框架宽或窄，在这种情况下，可以决定表在框架中如何对齐。

（1）将插入点放置在表的右侧或左侧，确保文本插入点放置在表所在的段落中，而不是表的内部，该插入点所在的高度将和框架中表的高度对齐。

（2）单击“段落”面板或控制面板中的一种对齐方式按钮，如“居中对齐”。

8.2.5 在表中导航

使用【Tab】键或箭头键可以在表中移动，也可以跳转到特定的行，这在长表中尤其有用。

1. 使用【Tab】键在表中移动

按【Tab】键，可以后移一个单元格。按【Shift】+【Tab】键可以前移一个单元格，如果在第一个单元格中按【Shift】+【Tab】键，插入点将移至最后一个单元格。

2. 使用箭头键在表中移动

如果在插入点位于直排表中某行的最后一个单元格的末尾时按向下箭头键，则插入点会移至同一行中第一个单元格的起始位置。同样，如果在插入点位于直排表中某列的最后一个单元格的末尾时按向左箭头键，则插入点会移至同一列中第一个单元格的起始位置。

3. 跳转到表中的特定行

执行“表→转至行”命令，弹出“转至行”对话框，执行以下操作之一。

（1）指定要跳转到的行号，然后单击“确定”按钮。

（2）若当前表中定义了表头行或表尾行，在菜单中执行“表头”或“表尾”，然后单击“确定”按钮。

8.2.6 组合表

使用“粘贴”命令将两个或两个以上的表合并到一个表中。

（1）在目标表中插入空行，插入的行数要大于等于复制的表的行数。如果插入的行数少于复制的行数，则无法粘贴。

（2）在源表中，选择要复制的单元格。如果复制的单元格列数多于目标表中的可用单元格列数，则无法粘贴。

（3）至少选择一个要插入被复制行的单元格，然后执行“编辑→粘贴”命令。

8.3 设置表的格式

使用控制面板或“字符”面板对表中的文本格式进行设置，设置方法与文本框内的文本格式设置一样。

表本身的格式设置主要以“表选项”对话框和“单元格选项”对话框进行设置。可以使用这两个对话框更改行数和列数，更改表边框和填色的外观，确定表前和表后的间距，编辑表头行和表尾行，以及添加其他表格式。

使用“表”面板、控制面板或上下文菜单构建表的格式。选择一个或多个单元格，然后单击鼠标右键，将显示含有表选项的上下文菜单。

8.3.1 调整列、行和表的大小

下面讲解调整行、列和表的大小的方法。

1. 调整列和行的大小

将指针放在列或行的边缘上以显示双箭头图标，然后向左拖曳以增加列宽，向右拖曳以减小列宽；或向上拖曳以增加行高，向下拖曳以减小行高，如图8-8所示。

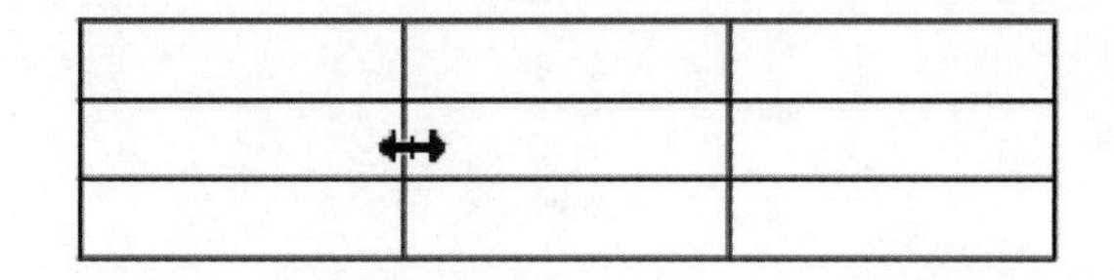

图8-8

2. 调整整个表的大小

使用文字工具T，将指针放置在表的右下角，使指针变为箭头形状，然后通过拖曳来增加或减小表的大小。按住【Shift】键以保持表的宽高比例不变。

对于直排表，使用文字工具将指针放置在表的左下角使指针变为箭头形状，然后进行拖曳以增加或减小表的大小。

提示　如果表在文章中跨多个框架，则不能使用指针调整整个表的大小。

3. 均匀分布列和行

（1）在列或行中选择应当等宽或等高的单元格。

（2）执行“表→均匀分布行”或“均匀分布列”命令。

8.3.2 更改表前距或表后距

将插入点放置在表中，然后执行“表→表选项→表设置”命令，在弹出的“表设置”面板中的表间距下，为表前距和表后距指定不同的值，然后单击“确定”按钮。

注意，更改表前距不会影响位于框架顶部的表行的间距。

8.3.3 旋转单元格中的文本

（1）将插入点放置在要旋转的单元格中。

（2）执行“表→单元格选项→文本”命令。

（3）选择一个旋转值，然后单击“确定”按钮。

8.3.4 更改单元格内边距

使用文字工具，将插入点放置在要更改的单元格中或选中这些单元格，执行“表→单元格选项→文本”命令，在弹出的“单元格选项”面板中的单元格内边距下，为上、下、左、右指定值，然后单击“确定”按钮。

> **提示** 多数情况下，增加单元格内边距将增加行高，如果将行高设置为固定值，需确保为内边距留出足够的空间，以避免导致溢流文本。

8.3.5 合并单元格

合并（组合）或拆分（分隔）单元格，可以将同一行或同一列中的两个或多个单元格合并为一个单元格。例如，可以将表的最上面一行中的所有单元格合并成一个单元格，以留给表标题使用。

用文字工具，选择要合并的单元格，执行“表→合并单元格”命令即可合并单元格。

8.3.6 拆分单元格

水平或垂直拆分单元格在创建表单类型的表时特别有用。可以对选择的多个单元格，进行垂直或水平拆分。

将插入点放置在要拆分的单元格中，或选择行、列或单元格块，然后执行“表→垂直拆分单元格”或“水平拆分单元格”命令即可拆分单元格。

8.3.7 更改单元格的排版方向

通过以下3种方法可更改单元格的排列方向。

（1）将文本插入点放置在要更改方向的单元格中，执行“表→单元格样式选项→文本”命令，在弹出的对话框中单击“单元格方向取决于文章方向”，然后单击“确定”按钮，如图8-9所示。

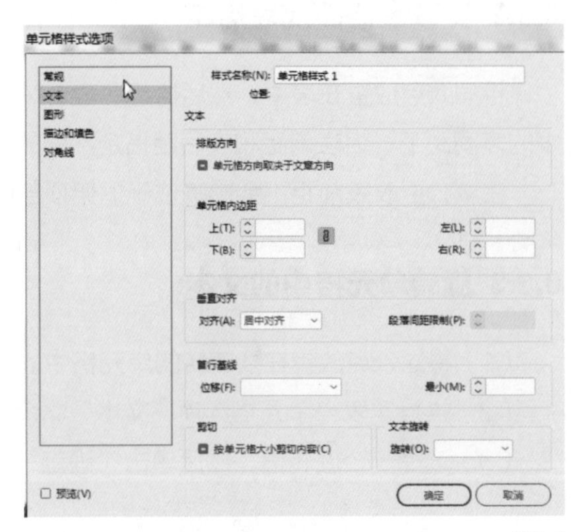

图8-9

（2）执行“窗口→文字和表→表”打开命令“表”面板，在排版方向下拉框中选择文字方向。

（3）在创建单元格样式时，文本部分中勾选“单元格方向取决于文章方向”选项。

8.4 表描边和填色

8.4.1 关于表描边和填色

有多种方式可以将描边（即表格线）和填色添加到表中。使用“表选项”对话框，可以更改表边框的描边，并向列和行中添加交替描边和填色。图8-10所示为交替填色的效果。

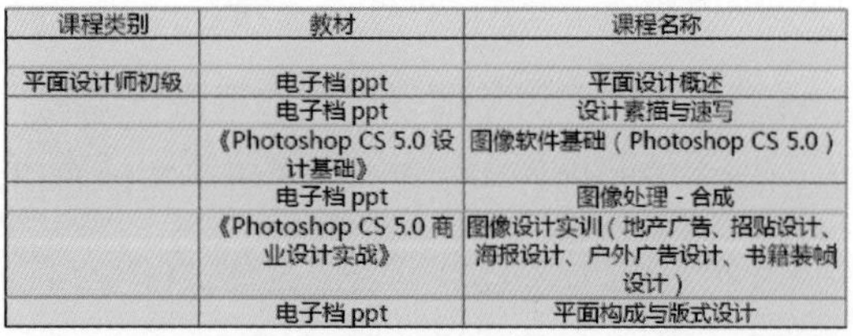

课程类别	教材	课程名称
平面设计师初级	电子档ppt	平面设计概述
	电子档ppt	设计素描与速写
	《Photoshop CS 5.0 设计基础》	图像软件基础（Photoshop CS 5.0）
	电子档ppt	图像处理 - 合成
	《Photoshop CS 5.0 商业设计实战》	图像设计实训（地产广告、招贴设计、海报设计、户外广告设计、书籍装帧设计）
	电子档ppt	平面构成与版式设计

图8-10

如果要对表或单元格重复使用相同的格式，可以创建并应用表样式或单元格样式。

选中已经设定好的表格，执行“表样式”面板菜单中的“新建表样式”命令，打开“新建表样式”面板，在其中命名表样式的名称，然后单击“确定”按钮，即可在“表样式”面板出现新的表样式，如图8-11所示。

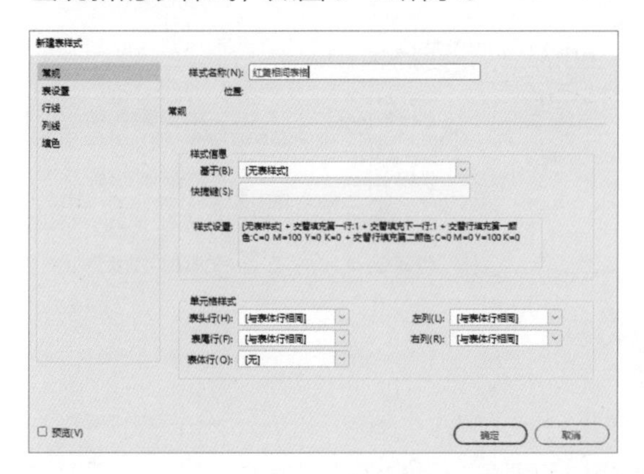

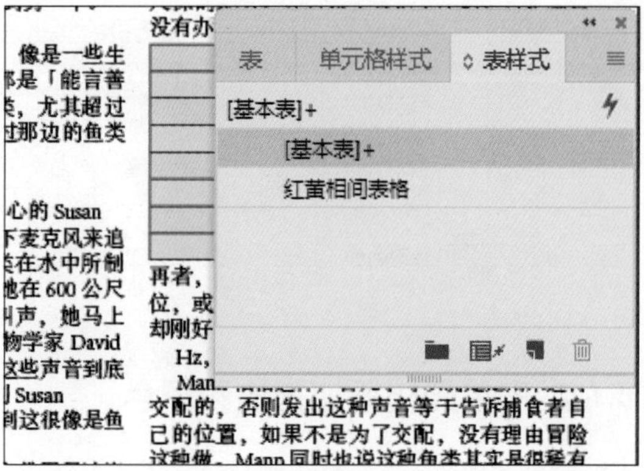

图8-11

将创建的表样式应用到其他表格中，如图8-12所示。

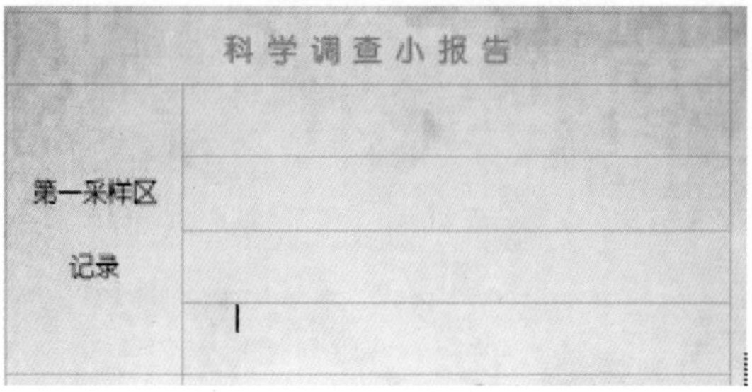

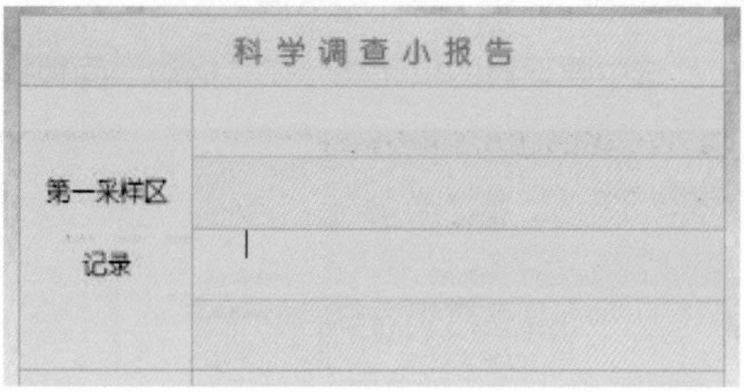

图8-12

8.4.2 更改表边框

用户可以使用“表设置”对话框或“描边”面板来更改表边框。

将插入点放置在单元格中，然后执行“表→表选项→表设置”命令，弹出“表选项”对话框，如图8-13所示。在表外框下，指定表边框所需的粗细、类型、颜色、色调和间隙设置。

图8-13

有时不需要对整体表格的边框进行编辑，只需针对其中某些边框进行编辑，用户可以选中表格后在控制面板中对图8-14所示的地方进行设置。

图8-14

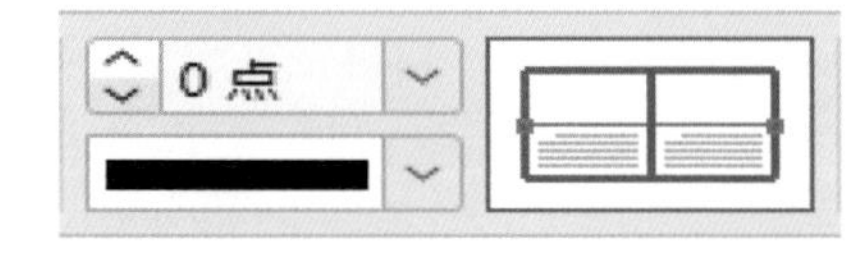

图8-15

在控制面板中表格设置部分单击，可取消对表格边框的行线、列线或外框线的选择。图8-15所示为只保留了行线的选取（选择的线条为蓝色，取消选择的线条为灰色），行线宽度为0点。得到的表格前后的效果对比如图8-16所示。

课程类别	教材	课程名称
平面设计师初级	电子档 ppt	平面设计概述
	电子档 ppt	设计素描与速写
	《Photoshop CS 5.0 设计基础》	图像软件基础（Photoshop CS 5.0
	电子档 ppt	图像处理 - 合成
	《Photoshop CS 5.0 商业设计实战》	图像设计实训（地产广告、招贴设计、海报设计、户外广告设计、书籍装帧设计）
	电子档 ppt	平面构成与版式设计

课程类别	教材	课程名称
平面设计师初级	电子档 ppt	平面设计概述
	电子档 ppt	设计素描与速写
	《Photoshop CS 5.0 设计基础》	图像软件基础（Photoshop CS 5.0
	电子档 ppt	图像处理 - 合成
	《Photoshop CS 5.0 商业设计实战》	图像设计实训（地产广告、招贴设计、海报设计、户外广告设计、书籍装帧设计）
	电子档 ppt	平面构成与版式设计

图8-16

8.4.3 向单元格添加描边和填色

除了使用“单元格选项”对话框为表格设置描边和填色，用户还可以通过“描边”面板或“色板”面板向单元格添加描边和填色。

1. 使用描边面板为单元格添加描边

选中要设置的单元格，在“描边”面板指定粗细值和描边类型，如图8-17所示。

课程类别	教材	课程名称
平面设计师初级	电子档 ppt	平面设计概述
	电子档 ppt	设计素描与速写
	《Photoshop CS 5.0 设计基础》	图像软件基础（Photoshop CS 5.0
	电子档 ppt	图像处理 - 合成
	《Photoshop CS 5.0 商业设计实战》	图像设计实训（地产广告、招贴设计、海报设计、户外广告设计、书籍装帧设计）
	电子档 ppt	平面构成与版式设计

图8-17

2. 使用色板面板向单元格添加填色

选中要设置的单元格，在“色板”面板中选择一个颜色色板，如图8-18所示。

图8-18

3. 使用渐变面板向单元格添加渐变

选中要设置的单元格，在“渐变”面板根据需要调整渐变设置，如图8-19所示。

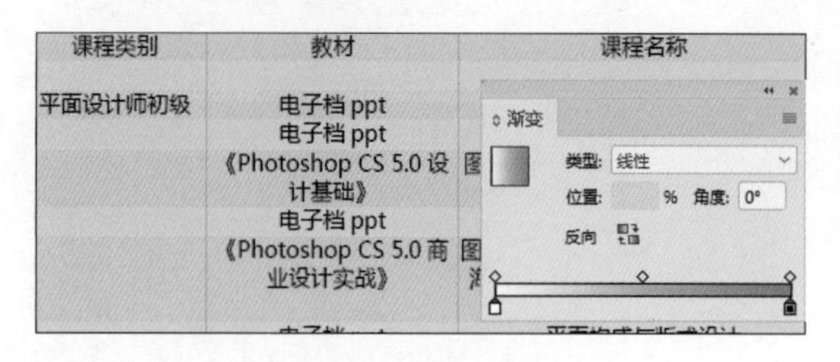

图8-19

8.4.4 向单元格添加对角线

选中要设置的单元格，单击鼠标右键，执行“表→单元格选项→对角线”命令，弹出“单元格选项”对话框，如图8-20所示。在对话框中选择某种对角线样式，设置其颜色和类型等参数，单击“确定”按钮，效果如图8-21所示。

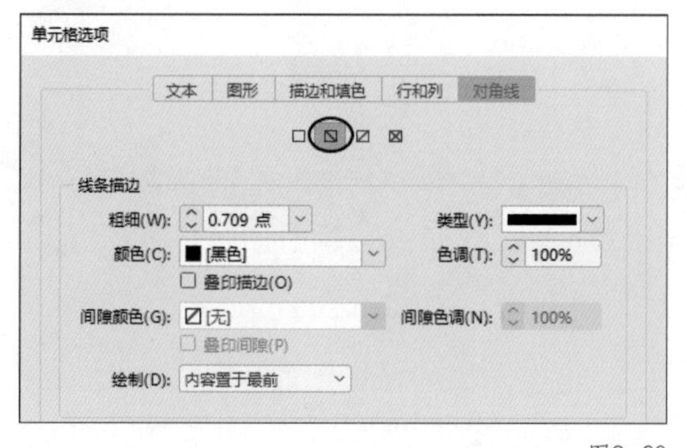

图8-20

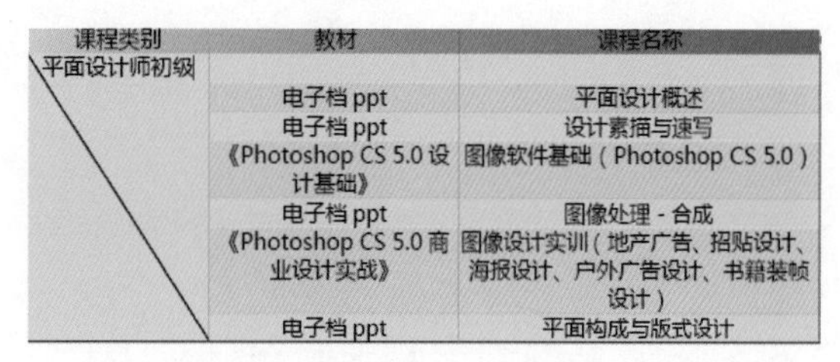

图8-21

设计实战篇

第 9 章
宣传折页设计

宣传折页是一种以传媒为基础的纸制宣传流动广告。通过InDesign CC 2019可以实现宣传折页的设计。

本章将讲解宣传折页的相关知识。

9.1 什么是宣传折页

宣传折页主要是指四色印刷机彩色印刷的单张彩页。宣传折页按折数分为二折、三折、四折、五折、六折等，特殊情况下，机器折不了的工艺，还可以进行手工折页。

一些公司的介绍、产品的宣传或电器的说明等，总页数不多，不方便装订，就可以做成折页。这样不仅可以提升视觉效果，还便于内容分类，如16K的三折页。

宣传折页的常用纸张为128克~210克铜版纸，过厚的纸张不建议采用折页形式。通常为了提高产品的档次，会采用双面覆膜，如图9-1所示。

图9-1

为表现优秀的创意，可以将作品设计成异形的折页，如图9-2所示。

图9-2

9.2 宣传折页的特点

宣传折页具有针对性、独特性和整体性的特点。

9.2.1 针对性

宣传折页可以在销售季节或流行期，针对有关企业和消费者，或是展销会、洽谈会等，进行邮寄、分发、赠送，以扩大企业、商品的知名度，营销产品，加强购买者对商品了解，强化广告。

9.2.2 独特性

宣传折页自成一体，无需借助于其他媒体，不受宣传环境、公众特点、信息安排、版面等各种限制，又称之为“非媒介性广告”。

宣传折页像书籍装帧一样，既有封面，又有内容。宣传折页的纸张、开本、印刷、邮寄和赠送对象等都具有独立性。

因为宣传折页具有针对性强和独立的特点，所以要充分让它为商品广告宣传服务。应当从构思到形象表现、从开本到印刷、纸张都提出高要求，从而让消费者爱不释手。

宣传折页的独特性还体现在它的折叠方式。常用的折叠方式有“平行折”和“垂直折”两种。现在还会有很多个性化定制的折页，使用特殊的工艺，或者手工制作。

“平行折”即每一次折叠都以平行的方向去折。如一张6页的折纸，将一张纸分为3份，左右两边在一面向内折入，称为“荷包折”；左边向内折、右边向反面折，称为“风琴折”；6页以上的风琴式折法，称为“反复折”。

“垂直折”即每一册折叠都以垂直的方向去折。如一张4页的折纸，将一张纸左右对折，然后垂直对折，打开之后纸张上是十字形的折痕，称为“十字折”。

9.2.3 整体性

宣传折页在实现新颖别致、美观、实用的开本和折叠方式的基础上，封面（包括封底）要抓住商品的特点，封面形象需色彩强烈而显眼，但要注意与主题的适合；内页色彩应相对柔和、便于阅读。

宣传折页内页的设计应尽量做到图文并存，详细地反映商品的内容。对于专业性强的、精密复杂的商品，实物照片与工作原理图应并存，以便使用和维修。

宣传折页的设计中，对于复杂的图文，要求讲究排列的秩序性，并突出重点，封面、内页要保持形式、内容的连贯性和整体性，统一风格气氛，围绕一个主题展现。

第 10 章
三折页设计

三折页宣传单是宣传折页的一种，通过InDesign CC 2019可以完成三折页的设计。

本章将讲解三折页的相关知识，并以夏令营活动的三折页为案例，详细讲解在InDesign CC 2019中三折页的制作步骤。

10.1 什么是三折页宣传单

三折页宣传单是宣传折页的一种，指将宣传单按一定的顺序均匀折叠两次后分成三折，所以称为三折页。

三折页宣传单又称为三折页广告，跟宣传单页相比，三折页更加小巧，便于携带、存放和邮寄。同时，三折页宣传单可以将宣传内容划分为几块，便于阅读理解，宣传效果更佳。

一般通过5号信封邮寄的纸质宣传单会加工成三折页，如图10-1所示。

三折页宣传单在印刷工艺上跟宣传单页或海报大致相同。

在纸张选择上，印刷宣传单页常用157克和200克纸张；直邮广告常用80克和105克纸张。三折页常用纸张为80克、105克、128克、157克、200克、250克等。

三折页的纸张类型除铜版纸、亚粉纸外，还可以选择轻涂纸、双胶纸及艺术纸印刷。

印后可以附加覆膜（光膜或哑膜）、过油、上光等工艺。

图10-1

折页设计一般分为两折页、三折页、四折页等，如图10-2所示。折页的数量根据内容确定。一些企业想让折页的设计出众，可在表现形式上采用模切等特殊工艺，来体现折页的独特性，进而增加消费者的印象。

图10-2

10.2 三折页宣传单内容设计要点

三折页宣传单和单页宣传单在内容设计上的做法一样。宣传单内容设计的要点一般分为以下6点。

（1）主题（活动主题、产品宣传主题或服务主题）。

（2）广告语（活动广告语或者是产品、服务）。

（3）设计主图(根据文字内容确定的主要画面)。

（4）Logo（活动、产品、服务等）。

（5）正文(活动内容、产品介绍、服务介绍等)。

（6）联系方式（电话、联系人、邮箱、网址等）。

与单页宣传单不同的是，三折页宣传单会利用折页将宣传内容按折页顺序分开。

10.3 三折页尺寸设计注意事项

10.3.1 关门折三折页宣传单设计

关门折三折页宣传单设计说明。

（1）关门折三折页设计时应注意叠在外面的应比叠在里面的宽，否则无法折叠。

（2）彩色部分为成品实际尺寸，外框粗黑色部分为裁切掉的部分。

图10-3所示为关门折三折页宣传单设计示意图。

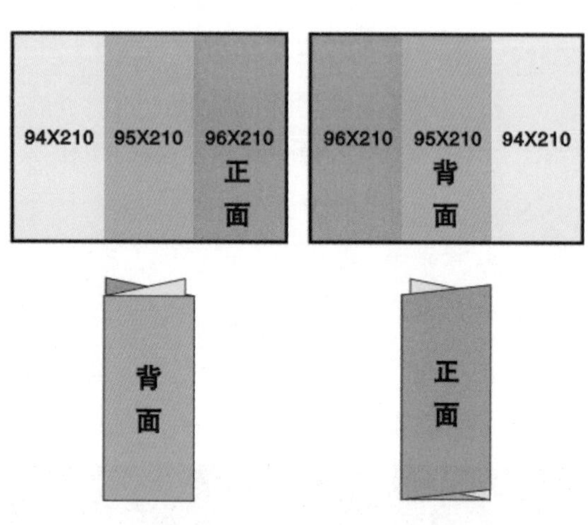

图10-3

10.3.2 风琴折三折页宣传单设计

风琴折三折页宣传单设计说明。

（1）风琴折页设计时应注意三面一样宽，否则无法折叠。

（2）彩色部分为成品实际尺寸，外框粗黑色部分为裁切掉的部分。

（3）其他设计注意事项参考彩页设计注意事项。

图10-4所示为风琴折三折页宣传单设计示意图。

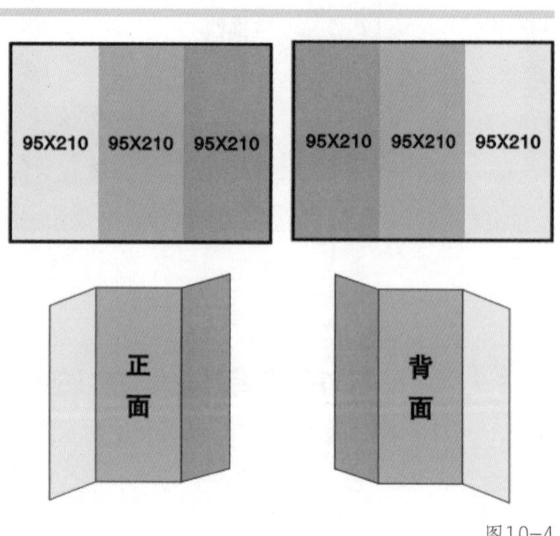

图10-4

10.4 夏令营三折页设计

目标设计

夏令营三折页设计思路

技术实现（InDesign CC 2019 + Photoshop综合运用）

夏令营三折页设计思路

此三折页是为紫云文化有限公司承办的“东方少年国学院2012年北京夏令营”的宣传折页设计。三折页设计要求有以下3点。

（1）体现国学特色。

（2）使用紫色的元素（颜色、图片等）来呼应“紫云文化”公司的名称。

（3）简洁大方，结构清晰。

技术实现

01 启动InDesign CC 2019，新建一个文件，设置文件页面数为2，取消选择“对页”选项，设置尺寸为W285毫米×H210毫米，如图10-5所示。

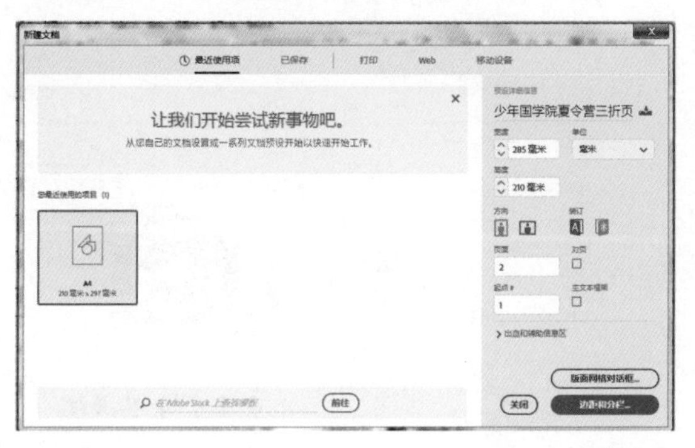

图10-5

02 单击“边距和分栏...”按钮，在弹出的“新建边距和分栏”对话框中，设置边距为5毫米，单击“确定”按钮，如图10-6所示。

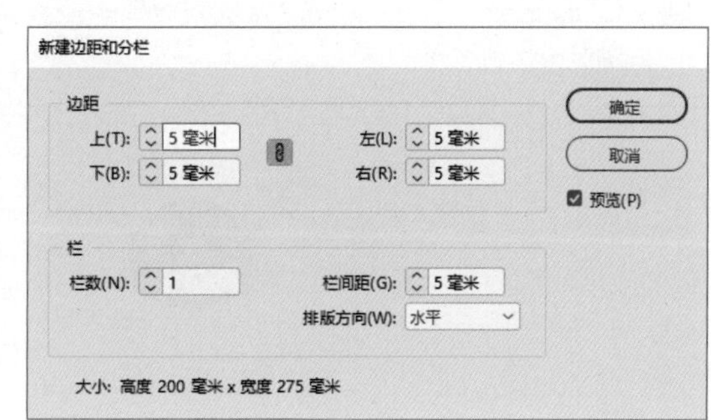

图10-6

03 打开新建的2个空白页面，如图10-7所示。

图10-7

04 从标尺中拉出两根参考线，它们的位置分别为95毫米、190毫米处，如图10-8所示。

图10-8

05 按【Ctrl】+【D】快捷键，在弹出的“置入”对话框中选择“东方少年国学院图标”，单击“打开”按钮，如图10-9所示。

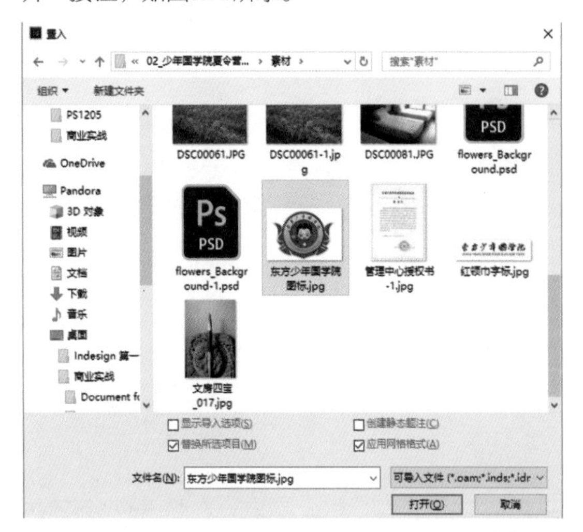

图10-9

06 页面中的鼠标光标中包含缩略图片，如图10-10所示。

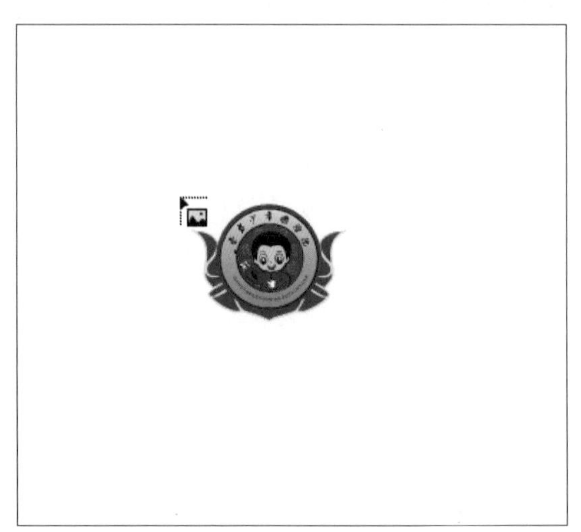

图10-10

07 在页面中单击，图片会以原始尺寸置入。使用鼠标左键拖曳一个范围，将图片置入到拖曳的范围之内，如图10-11所示。

图10-11

08 同理，置入“东方少年国学院的书法字体”文件，如图10-12所示。

图10-12

09 绘制和折页封面同宽的矩形，如图10-13所示。

图10-13

10 在“属性”面板上确认当前的对齐方式为“对齐选区”，如图10-14所示。

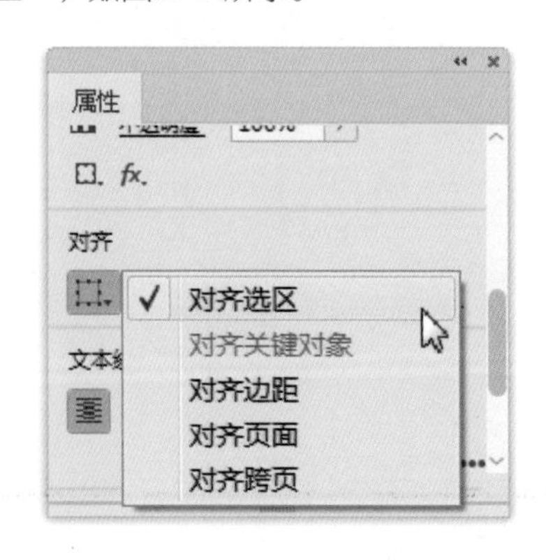

图10-14

11 选中置入的2张图片和矩形图形，单击“对齐”面板中的“水平居中对齐”按钮，如图10-15所示。

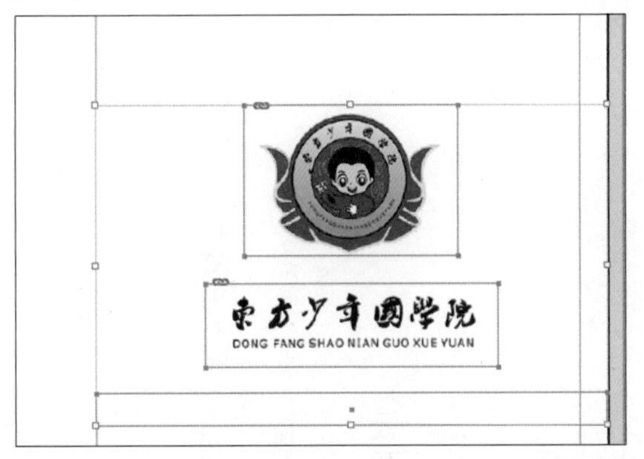

图10-15

12 按住【Shift】键的同时，使用移动工具将矩形挪到画板的出血尺寸外留着备用，如图10-16所示。

图10-16

13 从Word文件中复制封面文字内容，在InDesign CC 2019中使用文字工具创建一个段落文本框，将其粘贴进来，并设置字体颜色为紫色，如图10-17所示。

图10-17

14 使用文字工具选中“招生简章”4个字，按【Ctrl】+【X】快捷键将其剪切，然后使用竖排文字工具，另外创建一个文本框，按【Ctrl】+【V】快捷键将其粘贴进去，如图10-18所示。

图10-18

15 在控制面板中设置“招生简章”4个字的字体为方正启体简体，如图10-19所示。可以看到“招生简章”4个字的文字框范围要比文字本身大，对文本框执行“对象→使框架适合内容”命令，使文字框的大小和文字的大小将保持一致，如图10-20所示。

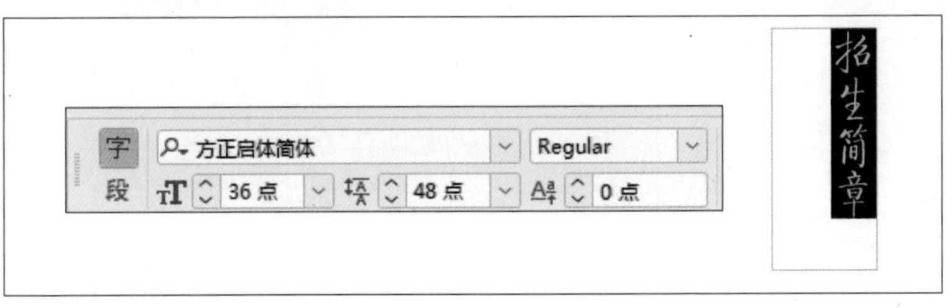

图10-19

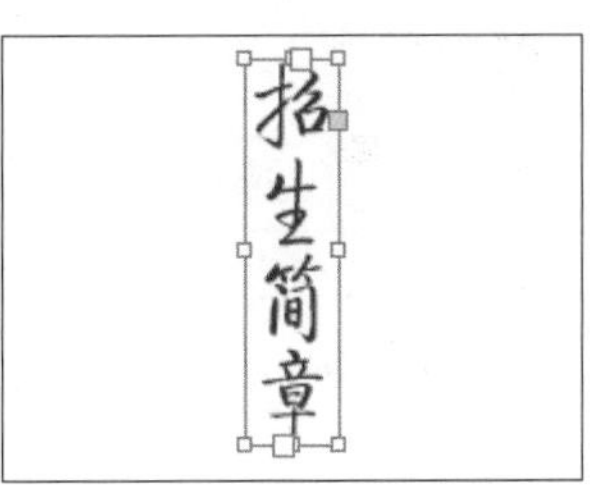

图10-20

16 同理，将“读经典 开孝心 创造幸福人生 立长志 修厚德 构建和谐社会”这些字置入一个独立的竖排的文本框，并设置其字体为方正兰亭纤黑，调整字号为10点，如图10-21所示。

图10-21

17 使用竖排文字工具输入“紫云文化”（活动承办方的公司名称）4个字，设置其颜色为红色，如图10-22所示。

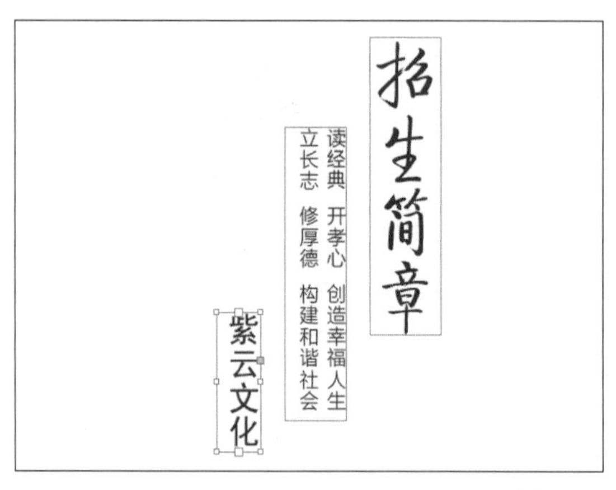

图10-22

18 设置“紫云文化”的字体为方正小篆体，如图10-23所示。

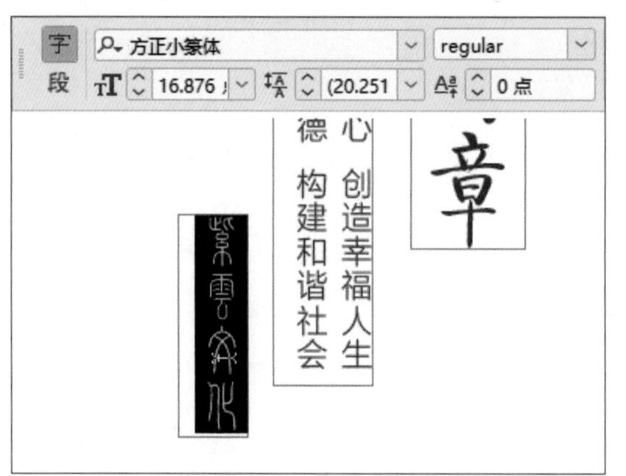

图10-23

19 使用矩形工具在“紫云文化”4个字的外围拉一个矩形，如图10-24所示。

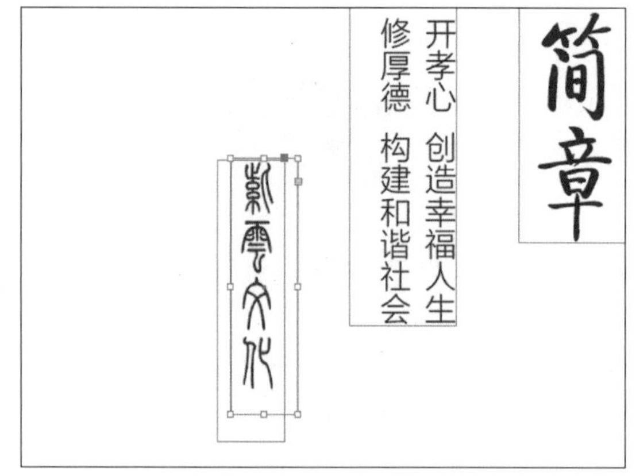

图10-24

20 执行“对象→角选项”命令，弹出“角选项”对话框，设置角的形状为圆角，转角大小为1毫米，如图10-25所示。

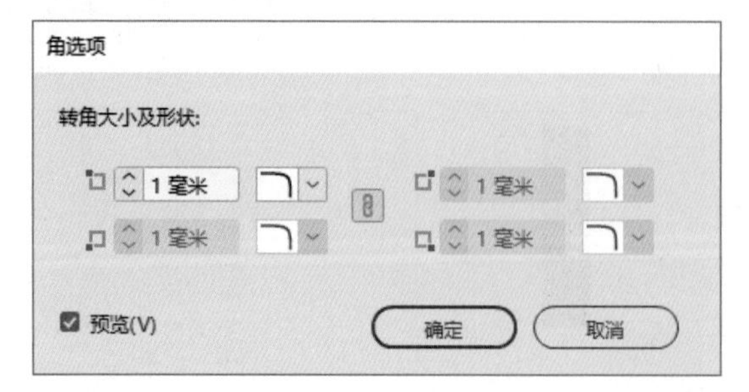

图10-25

21 此时“紫云文化”是一个印章的效果，如图10-26所示。

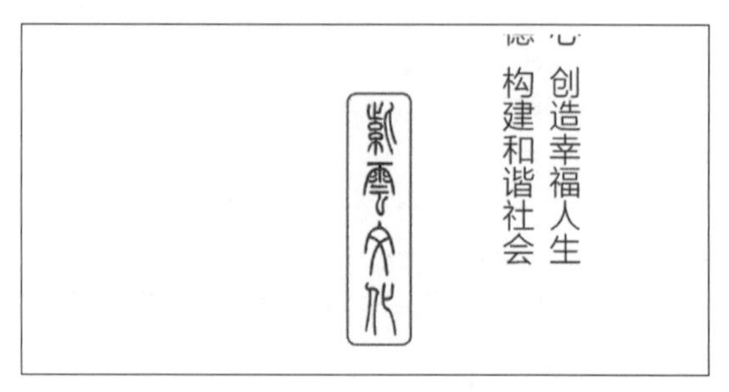

图10-26

22 设置剩余的封面文字“2012年度北京东方少年国学院夏令营”字体为方正兰亭黑简体，将其放在封面下部居中的位置。这时封面的初步设计基本完成，如图10-27所示。

图10-27

23 从Word文件中复制封底的文字内容，将其粘贴到封底的页面范围内，如图10-28所示。

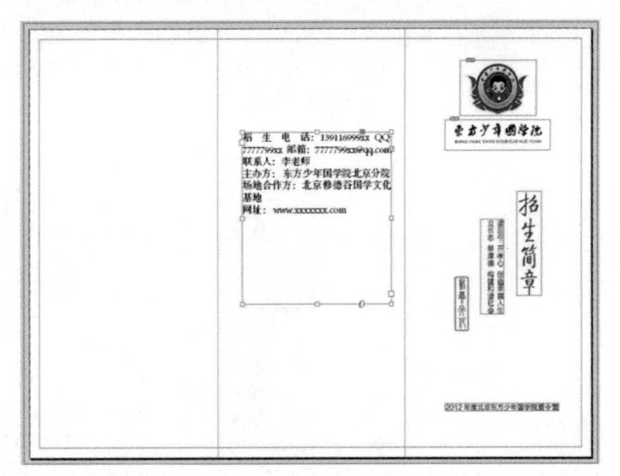

图10-28

24 将封底文字根据不同的内容拆分为三块，如图10-29所示。

图10-29

25 将其他几个页面的文字内容依次粘贴进InDesign CC 2019文档的页面内，如图10-30所示。将所有的文字内容粘贴到页面中。

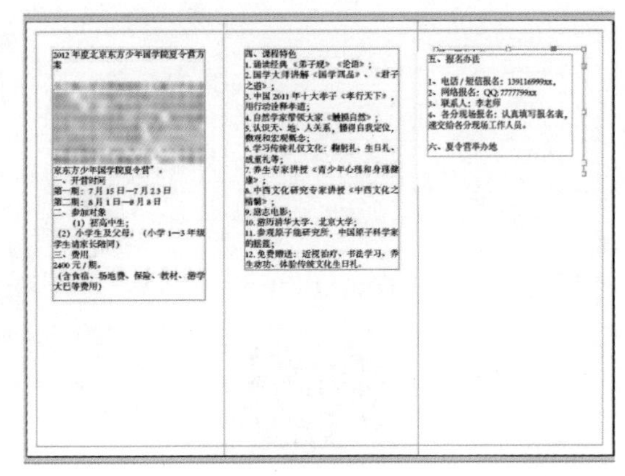

图10-30

26 为三折页添加其他的元素，如夏令营师资团队照片、营地照片等，和其他美化页面的素材。图10-31所示为封面添加了一个水墨笔刷图片。

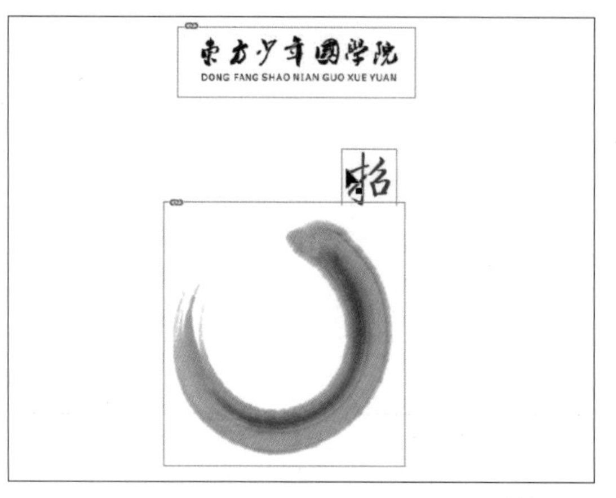

图10-31

27 按【Ctrl】+【Shift】+【[】快捷键，将水墨笔刷图片放到文字的后方，如图10-32所示。

图10-32

28 在“效果”面板中适当降低其透明度，如图10-33所示。

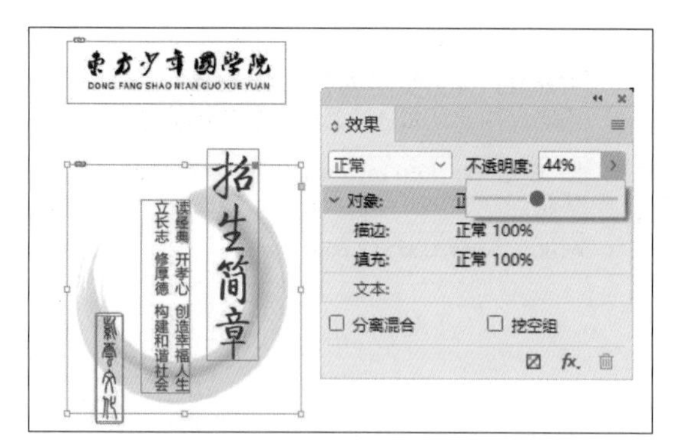

图10-33

29 为封底添加毛笔和砚台的图片素材（符合这次活动的主题“国学”夏令营的特点），如图10-34所示。

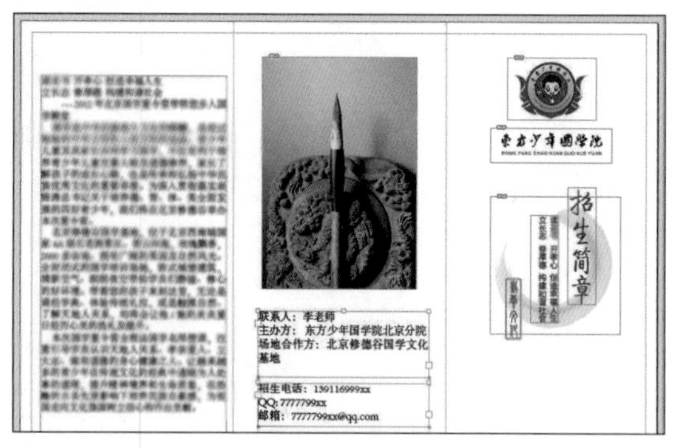

图10-34

30 在页面2下部空白处添加活动授权书、师资团队照片，如图10-35所示。

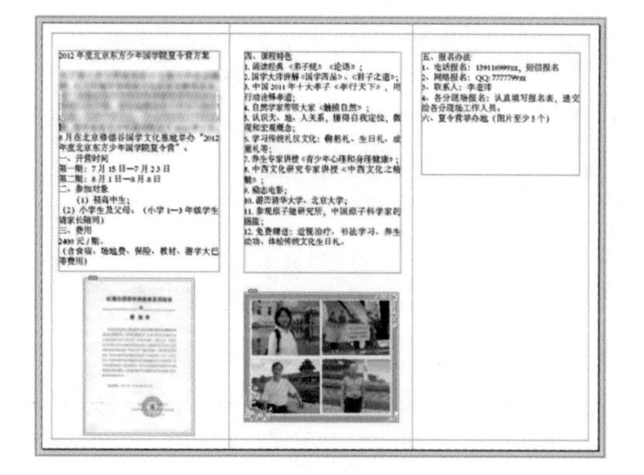

图10-35

31 在页面2最右边的“夏令营举办地”下，添加夏令营营地的照片，包括课堂、住宿、户外环境等。导入一张课堂的照片，如图10-36所示。

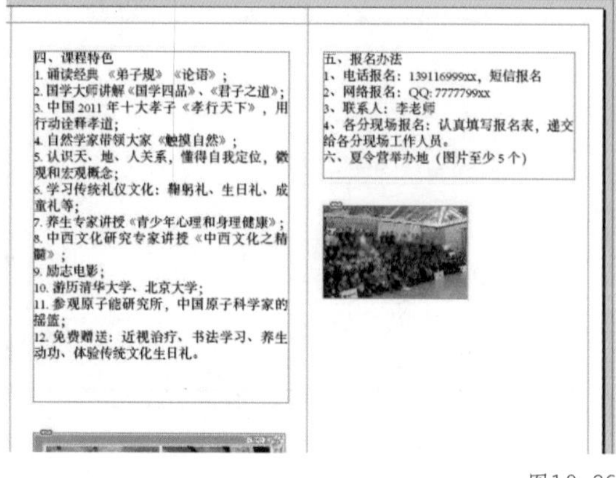

图10-36

32 使用移动工具，将上一步导入的课堂照片向右平行复制，如图10-37所示。

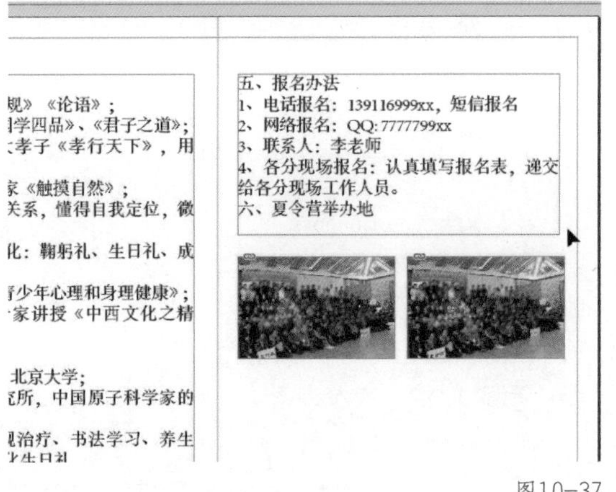

图10-37

33 同理，将图片向下等距复制，如图10-38所示。

图10-38

34 选中图形框，按【Ctrl】+【D】快捷键，在“置入”对话框中选择新的图片素材，单击“确定”按钮，即可替换原始图片，如图10-39所示。

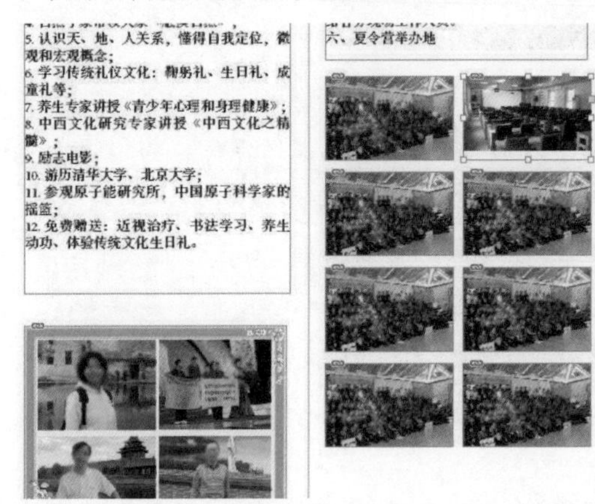

图10-39

35 同理，将所有的图片都替换为实际图片，如图10-40所示，初步完成图片的置入过程。

图10-40

36 回到封底的文字部分，对其进行格式的设定。选中图10-41所示的文字，将其字体设为方正兰亭黑简体。

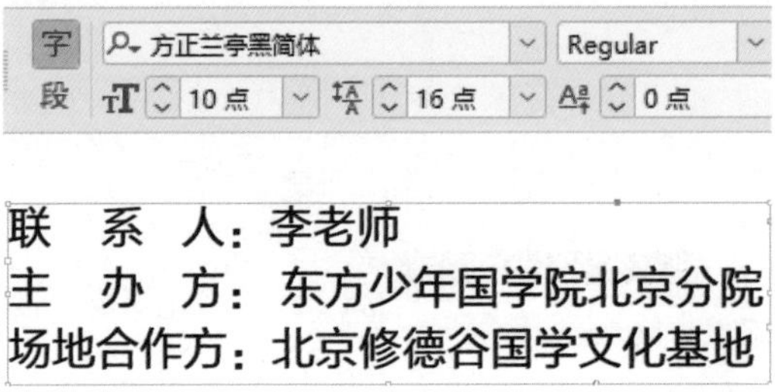

字 方正兰亭黑简体 Regular
段 10点 16点 0点

联　系　人：李老师
主　办　方：东方少年国学院北京分院
场地合作方：北京修德谷国学文化基地

图10-41

37 为增加文字的层次，单独选中“联系人：”及同类文字，设定字体为方正兰亭粗黑字体，颜色为紫色，如图10-42所示。

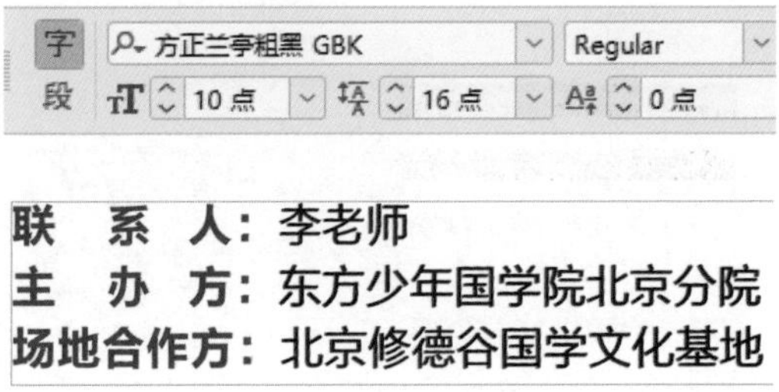

字 方正兰亭粗黑 GBK Regular
段 10点 16点 0点

联　系　人：李老师
主　办　方：东方少年国学院北京分院
场地合作方：北京修德谷国学文化基地

图10-42

38 同理，修改其他相同类型文字，并修改颜色为紫色，且封底文字均为左对齐，如图10-43所示。

联　系　人：李老师
主　办　方：东方少年国学院北京分院
场地合作方：北京修德谷国学文化基地
招生电话：139116999xx
QQ: 7777799xx
邮箱：7777799xx@qq.com
网址：www.xxxxxxx.com

图10-43

39 为丰富文字的效果，将阿拉伯数字和英文字母单独设置为Georgia字体，如图10-44所示。

图10-44

40 设置其他页面的文字效果。首先选择页面1最左边的文字，将其字体设置为方正兰亭纤黑，字号为8点，如图10-45所示。

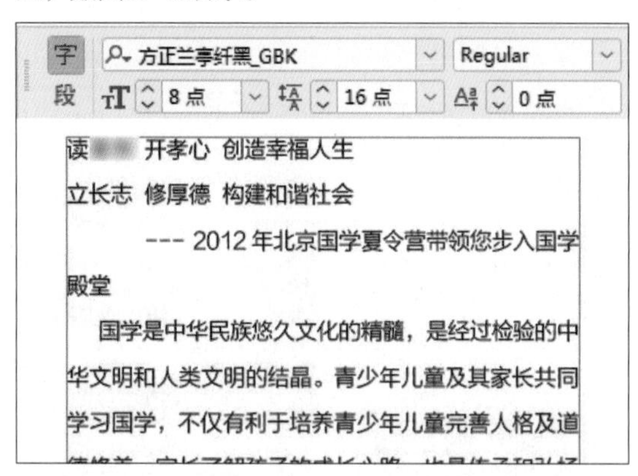

图10-45

41 确认文字段落对其方式为双齐末行齐左方式，如图10-46所示。

图10-46

提示　一般中文的排版为使文本框的整齐，大多数情况下都选择双齐末行齐左的对齐方式。而英文排版则一般使用左对齐方式。

42 选中最上面的两行文字（标题文字），设置其字体为10点，颜色为紫色，行距为20点，左缩进为6毫米，如图10-47所示。

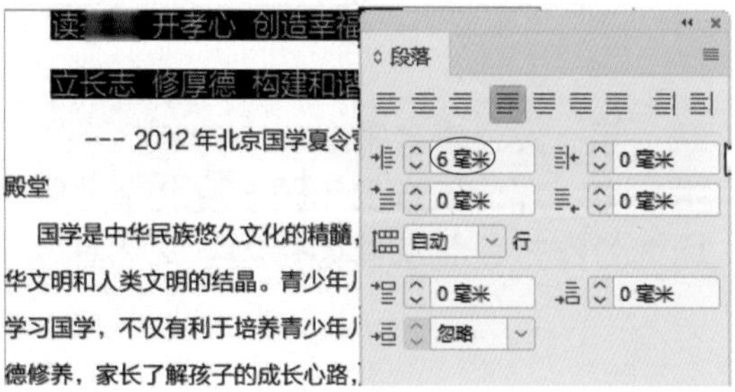

图10-47

43 将副标题字号设为7点，字体设为方正兰亭纤黑，如图10-48所示。

图10-48

提示 在这里讲解一下字体选择的经验。通过以上的操作，可以看到一条规律，凡是级别更高的文字（如标题）会选择较粗的字体，字号也会更大；小级别的文字会选择较细的字体，字号也更小。

在前边的步骤中经常会用到方正兰亭字体，方正兰亭字体序列是很好的等线字体序列，在商业设计的实战中可以大胆尝试使用它们。

图10-49所示为方正兰亭字体序列的变化。

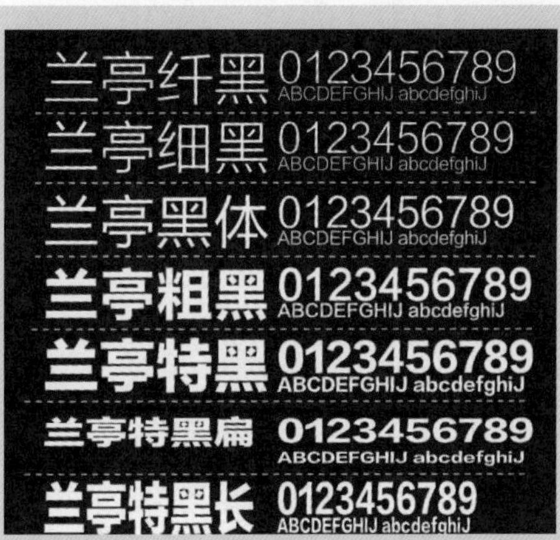

兰亭纤黑 0123456789 ABCDEFGHIJ abcdefghiJ
兰亭细黑 0123456789 ABCDEFGHIJ abcdefghiJ
兰亭黑体 0123456789 ABCDEFGHIJ abcdefghiJ
兰亭粗黑 0123456789 ABCDEFGHIJ abcdefghiJ
兰亭特黑 0123456789 ABCDEFGHIJ abcdefghiJ
兰亭特黑扁 0123456789 ABCDEFGHIJ abcdefghiJ
兰亭特黑长 0123456789 ABCDEFGHIJ abcdefghiJ

图10-49

44 在图10-50所示的标题最上方输入一个竖书名号字符效果，颜色设置为和标题文字统一的紫色。

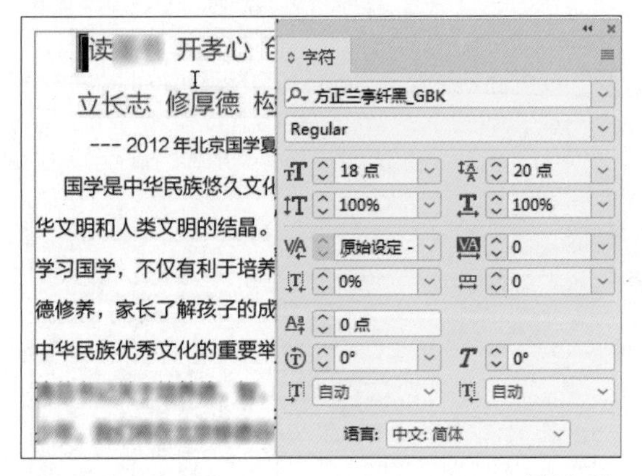

图10-50

45 将竖书名号复制，并使用旋转工具将其旋转，如图10-51所示。

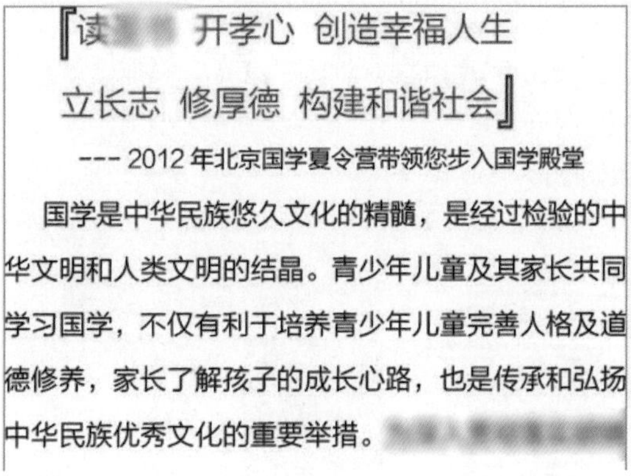

『读 开孝心 创造幸福人生

立长志 修厚德 构建和谐社会』

--- 2012 年北京国学夏令营带领您步入国学殿堂

国学是中华民族悠久文化的精髓，是经过检验的中华文明和人类文明的结晶。青少年儿童及其家长共同学习国学，不仅有利于培养青少年儿童完善人格及道德修养，家长了解孩子的成长心路，也是传承和弘扬中华民族优秀文化的重要举措。

图10-51

46 同理，为三折页中其他页面中的文字按照前面的步骤分别设置不同的字体和字号等参数，按【Shift】+【W】快捷键对设计效果进行全屏预览，如图10-52所示。

图10-52

47 全屏预览，可以看到折页的内容分布基本确定，但是背景比较简单，缺乏氛围。经过筛选紫色笔刷素材与页面1色调相符，如图10-53所示。

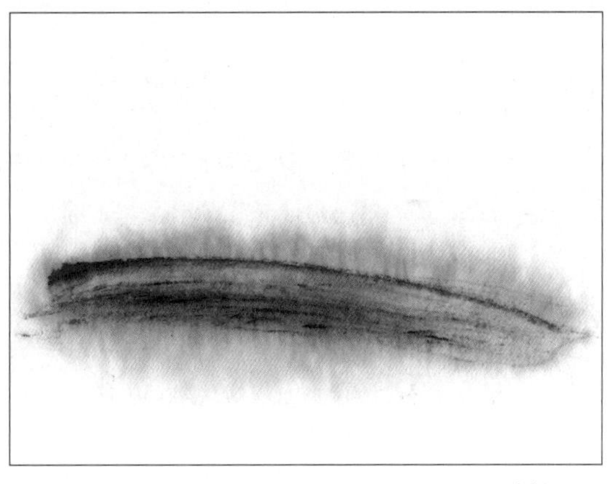

图10-53

48 按【Ctrl】+【D】快捷键，在弹出的“置入”对话框中选择紫色笔刷素材，单击“打开”按钮将其置入到页面1中，如图10-54所示。

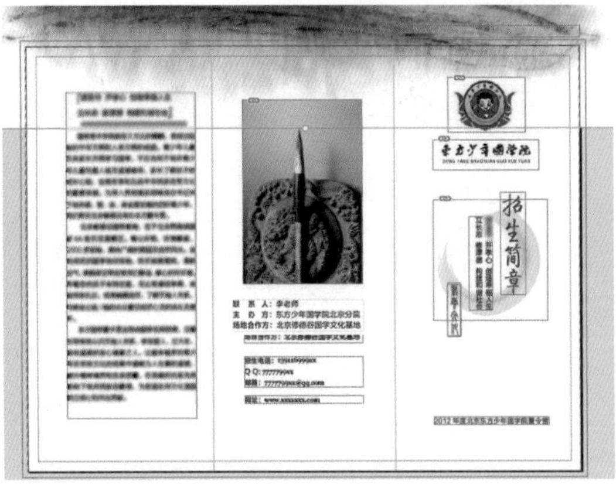

图10-54

49 将紫色笔刷素材调整到合适的大小和位置，注意只保留一部分边缘的效果出现在画板中即可。按【Shift】+【W】快捷键，预览效果如图10-55所示。

图10-55

50 按住【Alt】键的同时使用移动工具拖曳紫色笔刷素材向下复制一个，调整合适的大小和位置，效果如图10-56所示。

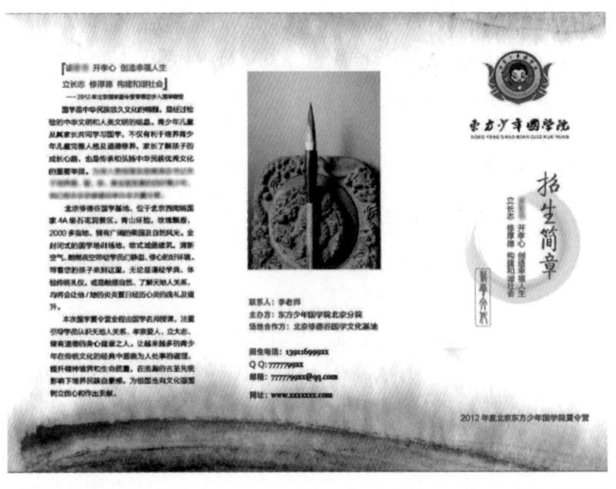

图10-56

51 为页面2导入一个向日葵的背景图片，如图10-57所示。

图10-57

提示

在实际的设计工作中要注意做总结，为以后的设计工作积累经验。在这里根据以上少年国学院夏令营三折页设计过程做一个顺序总结。

（1）确定页面的尺寸、页数等内容。

（2）将所有必要的元素（文字和图片）都置入页面中。

（3）调整各个元素的大小和位置关系，对于文字根据级别设置不同的样式。

（4）为画面添加画龙点睛的一笔，营造氛围元素。

52 由于折页的整体色调为紫色，而向日葵这张图片的主色调为黄色，所以需要对它的颜色进行调整。这个调整的过程将借助Photoshop来实现。启动Photoshop，在其中打开向日葵素材图片，如图10-58所示。

图10-58

53 关掉图层下方的白色背景图层以及无关图层，得到具有透明背景的文件，如图10-59所示。

图10-59

提示　在Photoshop“图层”面板中，左侧的眼睛状按钮控制各个图层的显示与隐藏。

54 在所有图层的最上方添加一个“渐变映射”调色图层，将渐变映射的渐变条调节为紫色的渐变效果，如图10-60所示。

图10-60

55 将所有可见图层的不透明度都设置为30%，效果如图10-61所示。

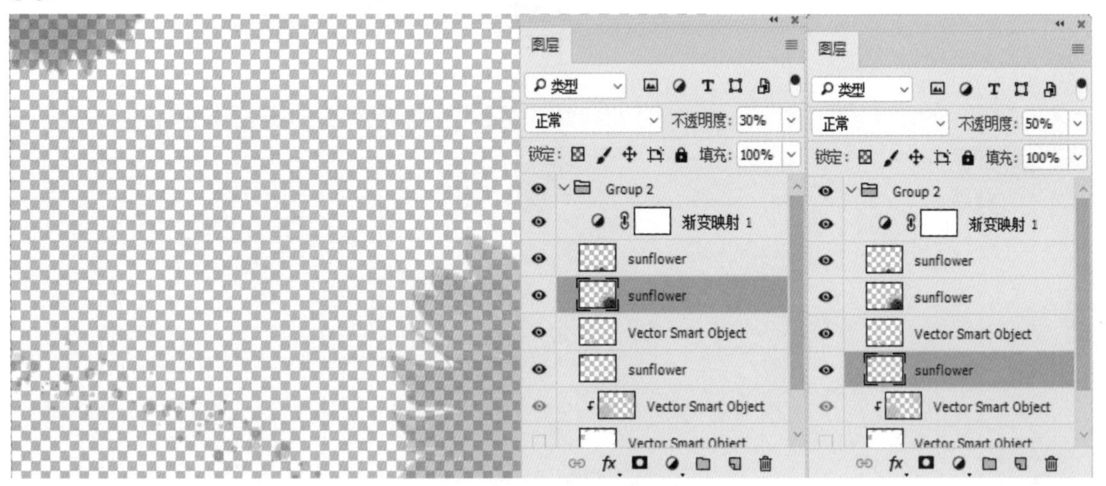

图10-61

56 执行“文件→另存为”命令，将调整好的背景图片重命名另保存为一个新的文件，格式保存为PSD格式，如图10-62所示。

flowers_Background-1.psd

图10-62

> **提示** InDesign CC 2019可以很好地支持Adobe公司其他的软件生成的源生文件格式，如.psd、.ai，在InDesign CC 2019中导入具有透明底色的PSD文件可保留它原有的透明特性。

57 返回InDesign CC 2019，选中页面2的背景图框架，按【Ctrl】+【D】快捷键，置入上一步骤保存的背景图，效果如图10-63所示。

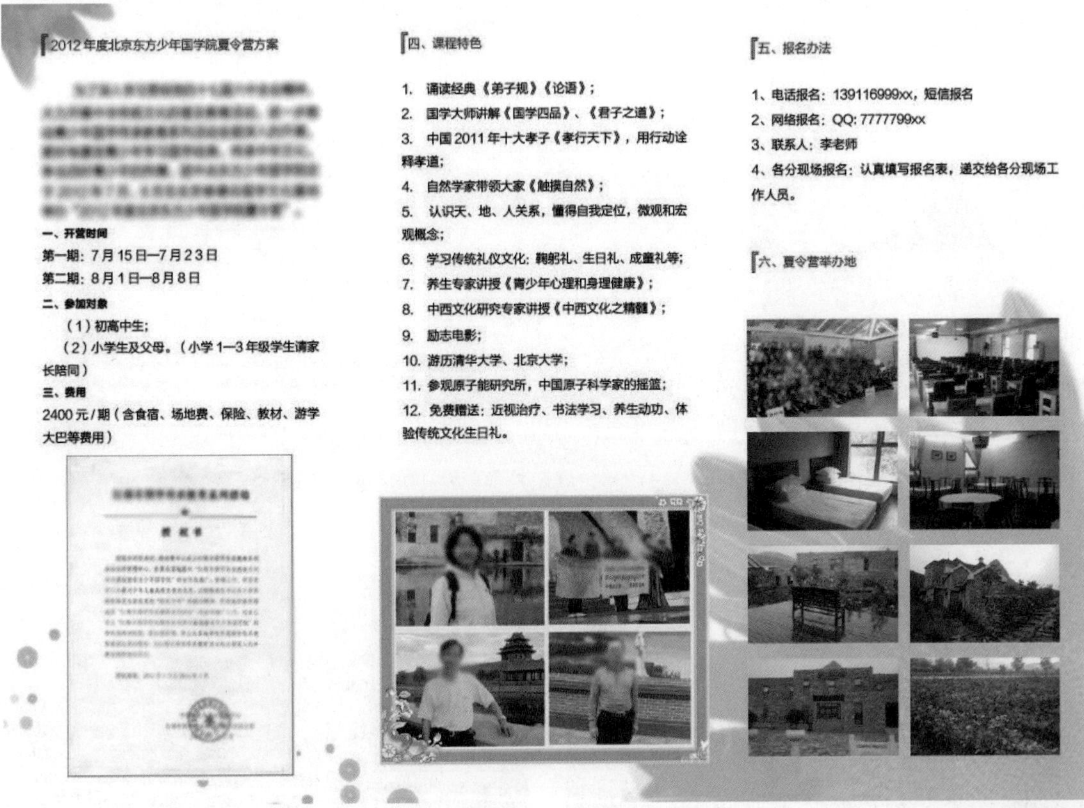

图10-63

58 到此，折页基本设计完成，接下来就是调节画面的细节。如页面2中导入的一些图片颜色对比度和饱和度不够好，可以对其进行调整。在Photoshop打开需要调整的照片，如图10-64所示。

图10-64

59 按【Ctrl】+【L】快捷键，调整图片的对比度，如图10-65所示。

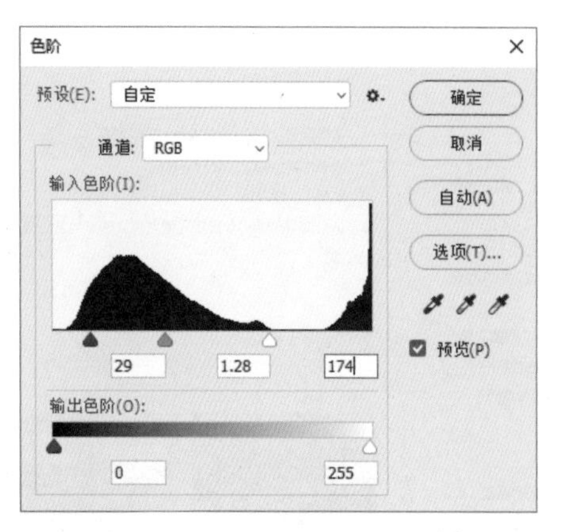

图10-65

60 按【Ctrl】+【U】快捷键，增加其饱和度，如图10-66所示。

图10-66

61 查看图片调整前后，可以看到图片经过调整，展示效果更好，如图10-67所示。

图10-67

62 按【Ctrl】+【Shift】+【S】快捷键，将调整好的图片另存为新的文件，并为其命名，如图10-68所示。同理，将其他需要调整的图片在Photoshop中调节完成并保存好。

图10-68

63 返回InDesign CC 2019，使用调整过的照片替换原来的照片。同理，替换其他几张照片。效果如图10-69所示。

图10-69

64 检查和调整画面中的细节和各个元素之间的大小和位置关系。最终效果如图10-70所示。

图10-70

第 11 章
画册设计

本章将讲解画册的相关知识，并以亲子活动画册为案例详细讲解在InDesign CC 2019中画册的制作步骤。

11.1 什么是宣传画册

画册是企业对外宣传自身文化、产品特点的广告媒介之一，属于印刷品。

画册展现的内容一般包括产品的外形、尺寸、材质、型号等概况，或是企业的发展、管理、决策、生产等一系列介绍。画册的设计应注重创意、设计、印刷的每个环节，力求完美。设计师可依据企业文化、市场推广策略等因素，合理安排画册画面的构成关系和画面元素的视觉关系，以达到将企业品牌和产品广而告之的目的，如图11-1和图11-2所示。

图11-1

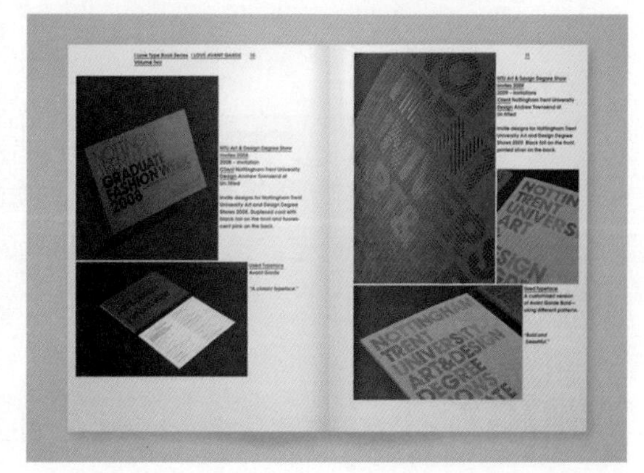

图11-2

11.1.1 设计内容

1. 企业文化

为企业制作画册时，展现其独特的企业文化是重点内容之一。企业文化是对企业长期经营活动和管理经验的总结，并能够成为企业区别其他同行的特质。企业文化是通过时间的积累和企业内部的共同努力形成的独特文化，具有唯一性。独特的企业文化是品牌价值的衡量标准之一，而画册设计过程是对这一文化特质的反映和提炼。

2. 市场推广策略

画册的元素、版式、配色不但需要符合设计美学的构成关系，更重要的是完整的表达市场推广策略。市场推广策略的重点包括产品所针对的客户群、地域、年龄段、知识层等条件。例如，制作一本宣传儿童用品公司的画册需要完整表述企业乐观向上的精神面貌，配色要活泼可爱，版式丰富有趣，产品罗列有条不紊等。

11.1.2 画册设计分类

画册设计一般分为以下5类。

（1）企业形象画册设计。

（2）企业产品画册设计。

（3）宣传画册设计。

（4）企业年报画册设计。

（5）型录画册设计。

11.2 设计要素

11.2.1 设计原则

1. 先求对，再求妙

精彩的创意点子令人眼睛一亮，印象深刻，但正确的诉求才会改变人的态度，影响人的行为。例如，在做服装画册时，高明的设计师会利用模特的身体语言，来充分展现设计师的精心制作，而不是让模特自身掩盖服饰的风采，否则这本画册就失去了其原本的意义。再好的创意如果不能有效地传达信息，那都是失败的。

2. 锁定画册的目标对象

好的画册创意通常都是以用户为核心。画册是做给用户看的，创意人员需要极为深刻地揣摩用户的心态，创意才容易引起共鸣。

3. 一针见血

文学家或导演有几十万字的篇幅或两个小时的时间说故事，宣传画册只有很有限的文字和页面可以讲故事。因此，创意人员要能迅速地抓住重点进行表现。

4. 简单明了

宣传画册是一种手段而不是一种目的，是用户做决策的参考。多半情况下，用户是被动地接受画册上传递的信息，越容易被知觉器官吸收的信息也就越容易侵入他的潜意识。不要高估用户对信息的理解和分析能力，尤其是高层的决策人员，他们没有太多时间去思考这些创意。因此，创意要简单明了，易于联想。

5. 合乎基本常识

曾经有一家眼镜店的海报画面用插画的形式呈现一个青色的瓜果，标题写到“这是XIGUA or QINGGUA？”，副标题是“如果你分不出来，表示你该换眼镜了”。其实这个广告很有想法，但是对消费者而言，很难理解，这就降低了广告的说服力。

6. 将创意文字化和视觉化结合

有一位文案创作人员奉命为画册配标题，画面是一辆拖着光影、似乎在高速行驶的汽车，他想了很久，没有合适的文案，勉强用“将一切远远抛在后面”作为标题，以表现汽车加速凌厉的特性，但这个标题只是勉强与画面匹配，并不能展现画册的生命力。所以，设计师能够巧妙地将创意文字化和视觉化结合才能创造更好的设计。

11.2.2 设计规律

1. 形态定位

要创造展现主题的最佳形态，适应阅读的最新画册造型，最重要的是依据画册内容的不同赋予其合适的外观。设计师不仅要拥有无限的好奇心，还要拥有异想天开的意识，才能塑造出全新的画册形态，使其在众多画册中脱颖而出。

2. 物化呈现

理解和掌握物化过程是完美体现设计理念的重要条件。画册设计是一种“构造学”，是一个将艺术与工学融合在一起的过程，每一个环节都不能单独地割裂开。画册设计是设计师对内容主体感性的萌生、知性的整理、信息空间的经营、纸张个性的把握以及工艺流程的兑现等一系列物化体现的掌控。

3. 语言表达

画册设计语言由诸多形态组合而成，语言是人类相互交流的工具，是情感互动的中介。例如，书面文字语言，有不同文体；图像语言，有多样手法……所以，画册语言更像一个戏剧大舞台，信息逻辑语言、图文符号语言、传达构架语言、画册五感语言、质材性格语言、翻阅秩序语言等，均在创造内容与人之间令用户感动的画册语言。

11.2.3 设计元素

1. 画册设计概念元素

所谓概念元素是那些不实际存在的、不可见的，但人们的意识又能感觉到的东西。例如，看到尖角的图形，感到上面有点；物体的轮廓，上面有边缘线。概念元素包括：点、线、面。

2. 画册设计视觉元素

概念元素若不在实际的设计中加以体现将没有意义。概念元素通常是通过视觉元素体现的。视觉元素包括图形的大小、形状、色彩等。

3. 画册设计关系元素

视觉元素在画面上的组织、排列，通常靠关系元素来决定。关系元素包括：方向、位置、空间、重心等。

4. 画册设计实用元素

实用元素指设计所表达的含义、内容、设计的目的及功能。

5. 画册设计最重要的元素

画册设计最重要的元素是企业产品、行业情况以及企业形象等，结合这些元素设计出来的画册一眼就能让受众识别到企业的特征。

11.2.4 设计特点

画册设计一般有以下4项特点。

（1）经过精心策划，素材组织合理、脉络清晰，最大程度配合画册的使用目标。

（2）文案内容精彩，画面创意独特，能够对画册的目标用户产生较强的吸引力。

（3）图片摄影清晰，文字排版、画面结构符合较高的审美要求。

（4）印刷制作精美，无印刷、装订错误。

11.3 画册设计的准则

企业画册设计的成功与否在于画册设计的定位。首先要做好与客户的沟通工作，明确画册设计的风格定位。还要了解企业文化、产品特点、行业特点及定位等内容，这些都可能影响画册设计的风格。优秀的画册设计离不开与客户的沟通和配合，设计师只有了解客户的消费需要，才能给客户创造出有实际效用的画册。

企业画册设计应从企业自身的性质、文化、理念、地域等方面出发，来体现企业的精神。画册的封面设计更注重对企业形象的高度提炼，应当采用恰当的创意和表现形式来展示企业的形象，这样画册才能给消费者留下深刻的印象，加深消费者对企业的了解。

产品画册的设计着重从产品本身的特点出发，分析出产品要表现的属性，运用恰当的表现形式来体现产品的特点。这样才能增加消费者对产品的了解，进而促进产品的销售。

总之不论是企业画册设计，还是产品画册设计，都离不开事先与客户进行沟通，这样才能更好地设计出客户想要的画册效果。

11.4 三大误区

11.4.1 误区一：重设计，轻策划

一本优秀的宣传画册诞生，不仅需要好的创意和设计，更需要优秀的前期策划。画册的前期策划和文案就像拍摄电影时的剧本一样重要，优秀的画册策划能够给予设计师清晰的思路，优秀的文案能够提升画册的文化内涵和品味。

高水平的设计师能够解决元素的取舍、构图、排版、留白、版式等设计问题，而前期的策划和文案来源于企业自身实力的打造和企业文化的凝练。若不注意平时的积累，采取临时抱佛脚的办法，设计再精美、再酷炫，也只是换来一声“这本画册设计得很棒”，而不是这家企业很棒。

因此，一本优秀的画册设计和策划同样重要。

11.4.2 误区二：外行指导内行

外行指导内行这一点，相信很多身在设计和广告行业的人员深有体会。当然，正常与客户或文案人员的探讨不在此列。

这里所说的外行指导内行是指在涉及配色、空间布局、整体的美感等方面，全无一点美学基础的外行来指导专业的设计师，强行要求改变一些设计内容。这样的作品，充其量是设计师按照客户的意思排版而已，难称设计。

专业的设计公司会在设计前与客户充分沟通和讨论，在涉及整体的配色、版式、风格上达成一致。在接下来的具体设计中，设计师充分发挥自己的创意和设计，后期与客户沟通再做细节上的调整。

11.4.3 误区三：重设计、轻工艺

前面已经讲到过，一本优秀的画册要有优美、可读性强的文字，精美的设计。在这里要说明的是画册的材质和印刷工艺也特别重要，这本身也是画册设计的一环。

随着印刷工艺的提高，各种特种纸张和特殊工艺出现，画册制作得越来越精良。这一倾向首先体现在一些高档的楼盘和会所当中，未来特殊工艺将会被越来越多的企业关注。

11.5 亲子活动画册设计

目标设计

· 技术实现（InDesign CC 2019 + Photoshop综合运用）

技术实现

01 启动InDesign CC 2019，新建一个文件，设置其页数为20页，勾选“对页”选项，设置尺寸为W142.5毫米 × H210毫米，如图11-3所示。

图11-3

02 单击“边距和分栏...”按钮，在弹出的“新建边距和分栏”对话框中设置其边距为20毫米，单击“确定”按钮，如图11-4所示。

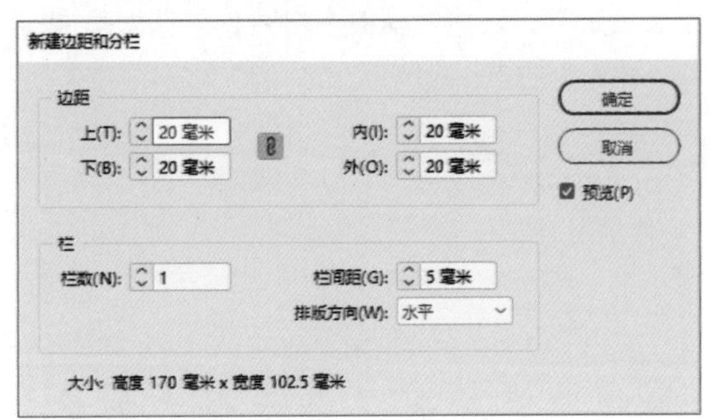

图11-4

03 在“页面”面板中，可以看到新建的20个空白页面，如图11-5所示。

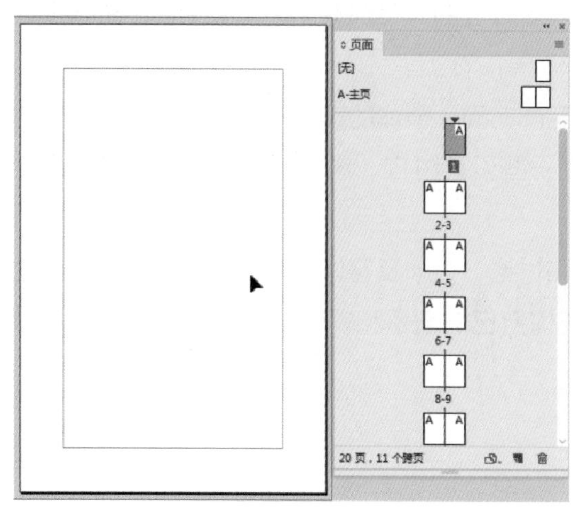

图11-5

04 按【Ctrl】+【D】快捷键，在打开的“置入”对话框中选择触摸自然的Logo素材，单击“打开”按钮，如图11-6所示。

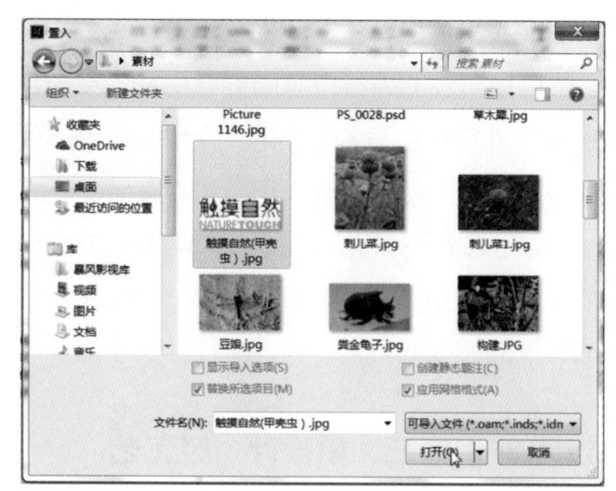

图11-6

05 按住鼠标左键拖曳一个范围，将图片置入页面内，并调节到合适位置，如图11-7所示。

图11-7

06 使用文字工具创建一个文本框，从Word文件中复制封面文字，将其粘贴进文本框，如图11-8所示。

图11-8

07 使用文字工具选中“触摸自然户外亲子活动之”11个字，在控制面板中设置其字体为华文行楷，字号为23点，颜色为C100、M0、Y64、K10，如图11-9所示。

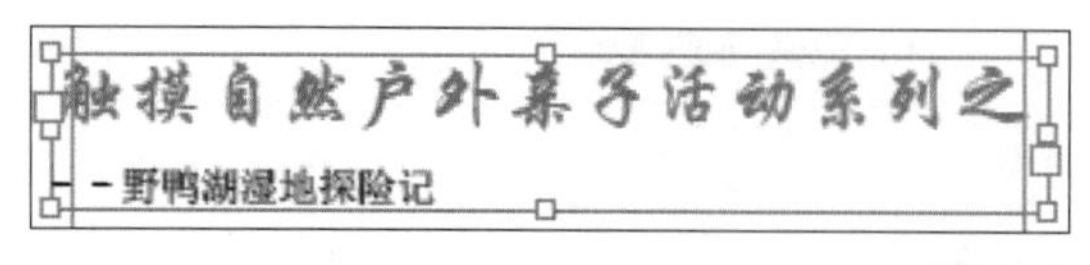

图11-9

08 选中文字“触摸自然户外亲子活动之”，打开“色板”面板，单击“新建”按钮，将文字的颜色保存在色板中以备用，如图11-10所示。

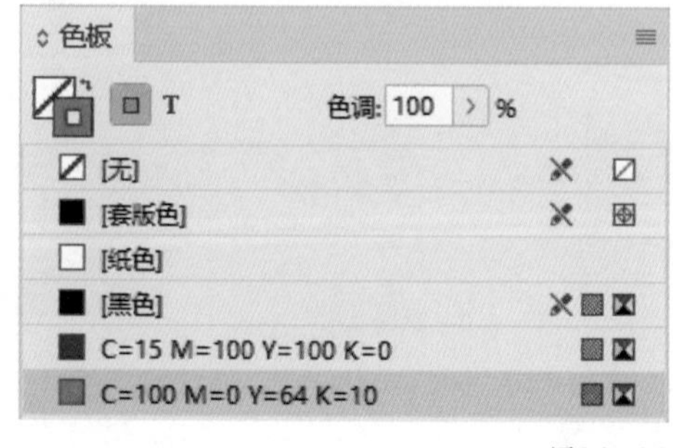

图11-10

09 双击创建的颜色色板，弹出“色板选项”对话框后，取消勾选“以颜色值命名”选项，并修改色板名称为标题文字，单击“确定”按钮即可，如图11-11所示。

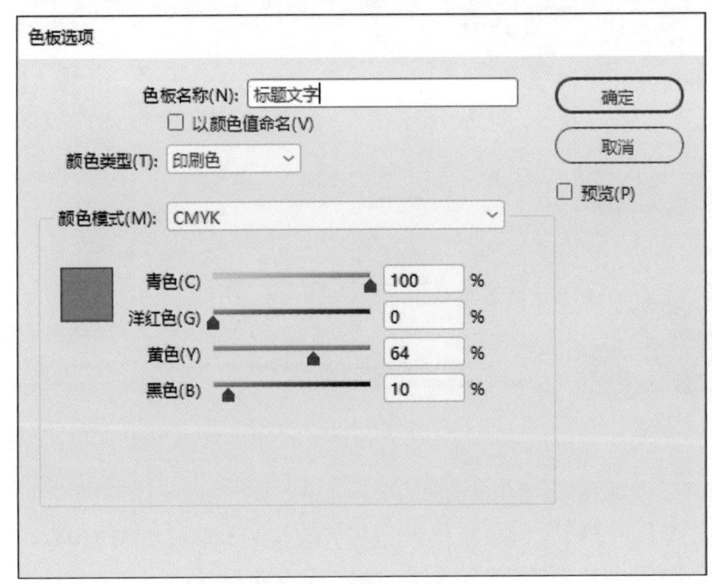

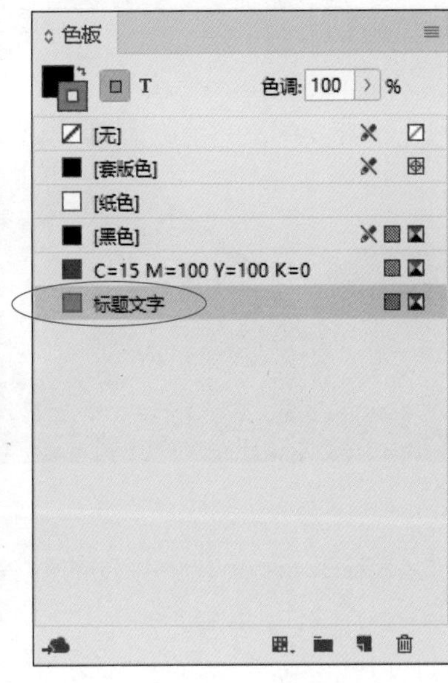

图11-11

10 使用文字工具选中“——野鸭湖湿地探险记”，设置其字体为方正准圆简体，字号为14点，颜色为C77、M15、Y55、K0，适当调整字间距，如图11-12所示。

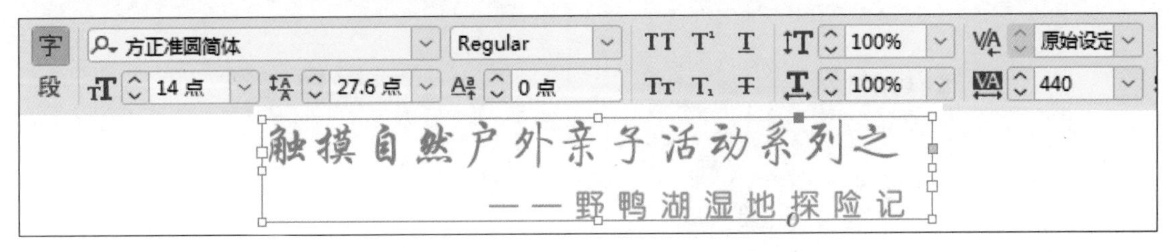

图11-12

11 置入叶子素材和画面下方的红色水彩素材图片，注意调整其大小和位置，如图11-13所示。

图11-13

提示 红色水彩素材图片看起来和当前页面很不协调。本画册的主题是触摸自然，所以选择绿色作为主色调，而红色和绿色是对比色，所以红色水彩素材图片放在页面中显得很不协调。用户可以通过Photoshop对图片进行编辑，调整其颜色来达到统一的色调。

12 在Photoshop中，打开红色水彩素材图片，使用多边形套索工具勾选选区，如图11-14所示。

图11-14

13 按【Ctrl】+【U】快捷键，调整其色相饱和度值，以得到绿色的图片，如图11-15所示。

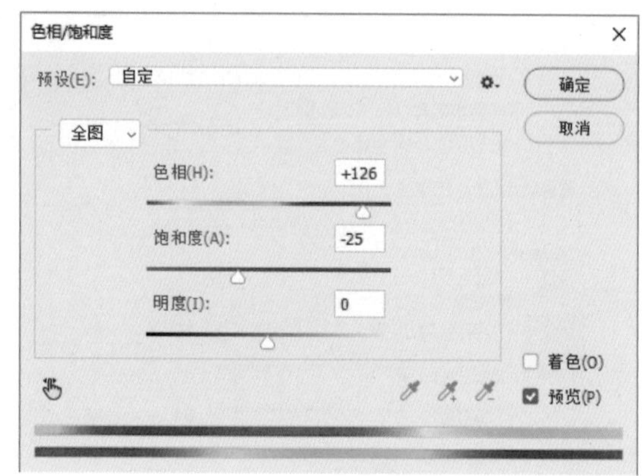

图11-15

14 将在Photoshop中调整完毕的图片另存为“绿色水彩.jpg”文件。返回InDesign CC 2019，按【Ctrl】+【D】快捷键，置入“绿色水彩.jpg”图片替换原有的图片，效果如图11-16所示。

图11-16

15 在页面的下方创建文本框，输入文字“姓名：年龄：”，设置其字体为方正细圆，字号为11点，颜色为深绿色（和画面的整体色调统一）；使用直线工具绘制两条平齐的直线。将所有元素摆放到合适的位置，如图11-17所示。

图11-17

16 打开页面菜单选中“A-”主页，按【Ctrl】+【D】快捷键，置入背景图片到左边的页面上，如图11-18所示。然后按住【Shift】+【Alt】组合键，向右拖曳得到一个新的背景图片，如图11-19所示。

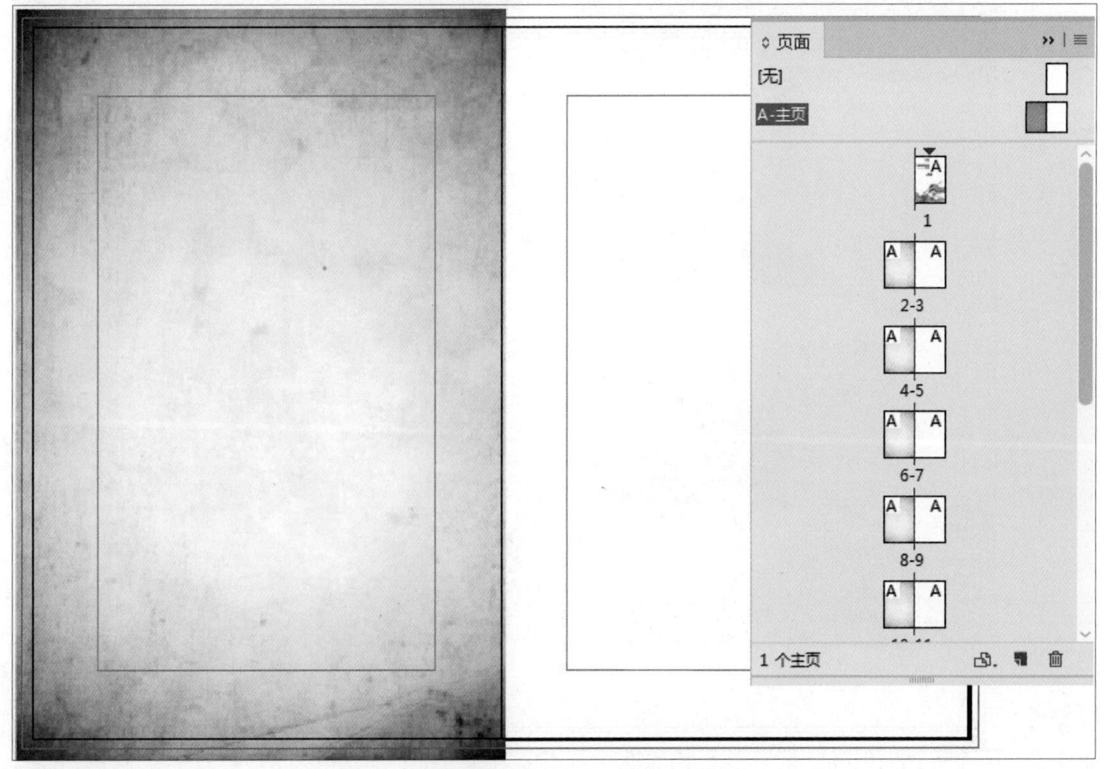

图11-18

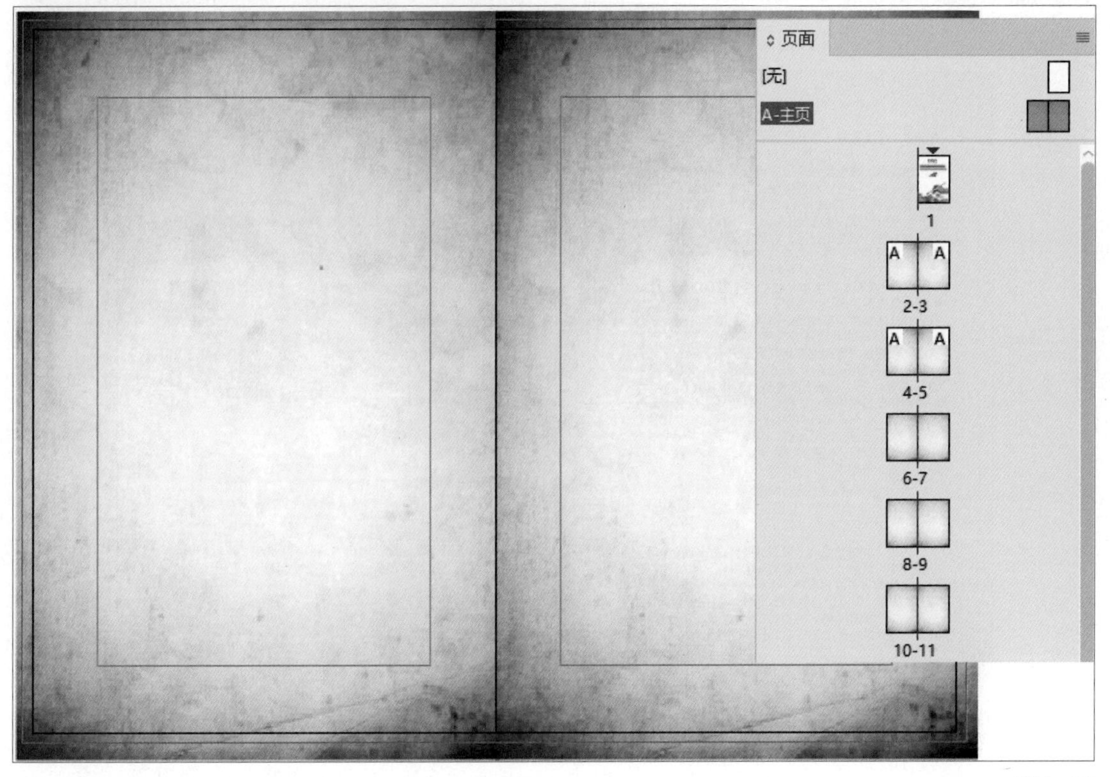

图11-19

17 页面1也被应用了“A-”主页，使用鼠标左键在“页面”面板上将“无”主页拖曳到页面1的页面缩略图上，即可取消应用“A-”主页，如图11-20所示。

图11-20

18 进入页面3，使用文字工具，贴齐版心参考线创建文本框，将Word文件中的全部文字内容复制到文本框中；使用选择工具单击溢出字符标记⊞，在页面4中按住【Shift】键单击版心参考线左上角位置，系统会自动灌文到剩下的页面中，这样得到的各个页面的文本框之间是续接的关系，如图11-21所示。完全置入文字后，删除文字中多余的空行和段落前面多余的空格。

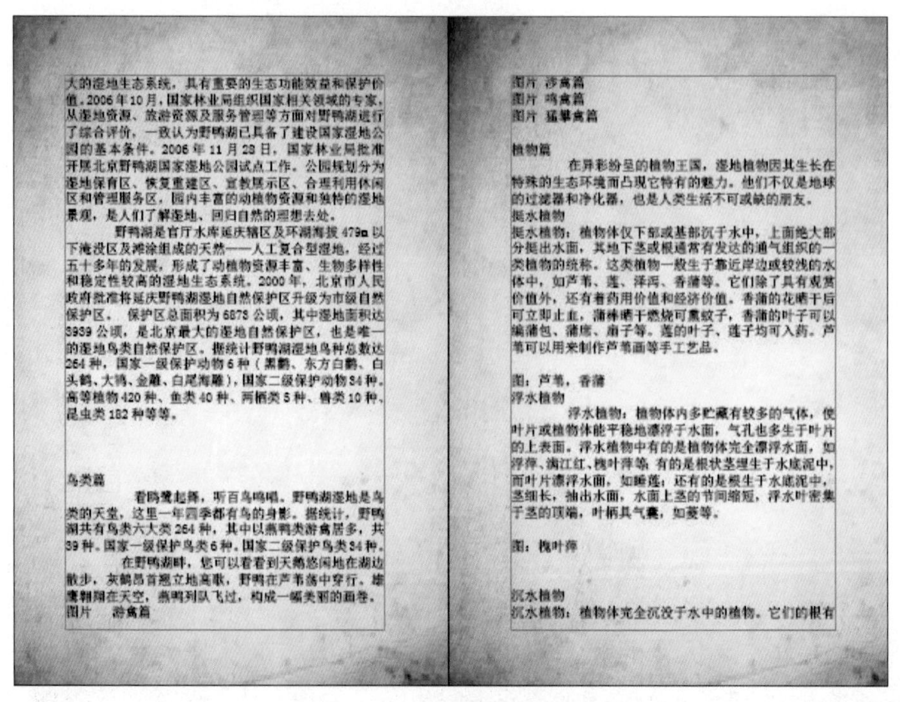

大的湿地生态系统，具有重要的生态功能效益和保护价值。2006年10月，国家林业局组织国家相关领域的专家，从湿地资源、旅游资源及服务管理等方面对野鸭湖进行了综合评价，一致认为野鸭湖已具备了建设国家湿地公园的基本条件。2006年11月28日，国家林业局批准开展北京野鸭湖国家湿地公园试点工作。公园规划分为湿地保育区、恢复重建区、宣教展示区、合理利用休闲区和管理服务区，园内丰富的动植物资源和独特的湿地景观，是人们了解湿地、回归自然的理想去处。

野鸭湖是官厅水库延庆辖区及环湖海拔479m以下淹没区及滩涂组成的天然——人工复合型湿地，经过五十多年的发展，形成了动植物资源丰富、生物多样性和稳定性较高的湿地生态系统。2000年，北京市人民政府批准将延庆野鸭湖湿地自然保护区升级为市级自然保护区。 保护区总面积为6873公顷，其中湿地面积达3939公顷，是北京最大的湿地自然保护区，也是唯一的湿地鸟类自然保护区。据统计野鸭湖湿地鸟种总数达264种，国家一级保护动物6种（黑鹳、东方白鹳、白头鹤、大鸨、金雕、白尾海雕），国家二级保护动物34种，高等植物420种、鱼类40种、两栖类5种、兽类10种、昆虫类182种等等。

鸟类篇

看鸥鹭起舞，听百鸟鸣唱。野鸭湖湿地是鸟类的天堂，这里一年四季都有鸟的身影。据统计，野鸭湖共有鸟类六大类264种，其中以燕鸭类游禽居多，共39种。国家一级保护鸟类6种，国家二级保护鸟类34种。

在野鸭湖畔，您可以看看到天鹅悠闲地在湖边散步，灰鹤昂首独立地高歌，野鸭在芦苇荡中穿行，雄鹰翱翔在天空，燕鸭列队飞过，构成一幅美丽的画卷。

图片 游禽篇

图片 涉禽篇
图片 鸣禽篇
图片 猛攀禽篇

植物篇

在异彩纷呈的植物王国，湿地植物因其生长在特殊的生态环境而凸现它特有的魅力。他们不仅是地球的过滤器和净化器，也是人类生活不可或缺的朋友。

挺水植物

挺水植物：植物体仅下部或基部沉于水中，上面绝大部分挺出水面，其地下茎或根通常有发达的通气组织的一类植物的统称。这类植物一般生于靠近岸边或较浅的水体中，如芦苇、莲、泽泻、香蒲等。它们除了具有观赏价值外，还有着药用价值和经济价值。香蒲的花晒干后可立即止血，蒲棒晒干燃烧可熏蚊子，香蒲的叶子可以编蒲包、蒲席、扇子等。莲的叶子、莲子均可入药。芦苇可以用来制作芦苇画等手工艺品。

图：芦苇，香蒲

浮水植物

浮水植物：植物体内多贮藏有较多的气体，使叶片或植物体能平稳地漂浮于水面，气孔也多生于叶片的上表面。浮水植物中有的是植物体完全漂浮水面，如浮萍、满江红、槐叶萍等；有的是根状茎埋生于水底泥中，而叶片漂浮水面，如睡莲；还有的是根生于水底泥中，茎细长，抽出水面，水面上茎的节间缩短，浮水叶密集于茎的顶端，叶柄具气囊，如菱等。

图：槐叶萍

沉水植物

沉水植物：植物体完全沉没于水中的植物。它们的根有

图11-21

提示 页面2是整本画册的封二，画册一般会把封二空出来，正文多是从对页的右边页面开始。在InDesign CC 2019中排版可以通过首行缩进数值来设置首行往后退格的效果，设置段前距和段后距来实现加大段落之间的间距效果。

19 选中页面3中的标题“触摸自然俱乐部”，设置其字体为方正准圆，字号为14点，行距为19.6点，颜色为“色板”面板中的“标题文字”颜色色板。效果如图11-22所示。

触摸自然俱乐部

图11-22

20 选中“一 一 孩子们快乐相聚的地方”，设置其字号为10点、对齐方式为右对齐，其他设置同标题文字，如图11-23所示。

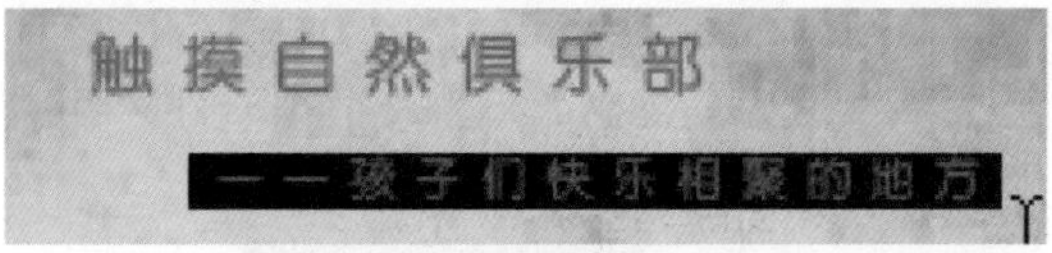

触摸自然俱乐部
一一孩子们快乐相聚的地方

图11-23

21 选中第一段正文文字，设置其字体为方正细圆，字号为10点，行距为18点，首行缩进为7毫米，段后距4毫米，如图11-24所示。

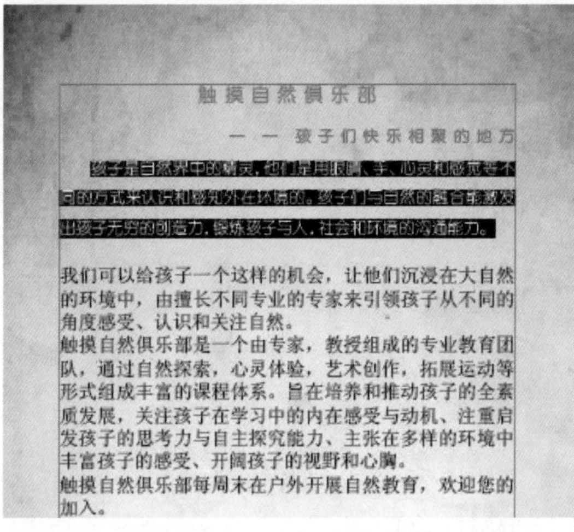

图11-24

22 打开“段落样式”面板，将上一步骤的设置定义为“正文”段落样式，如图11-25所示。

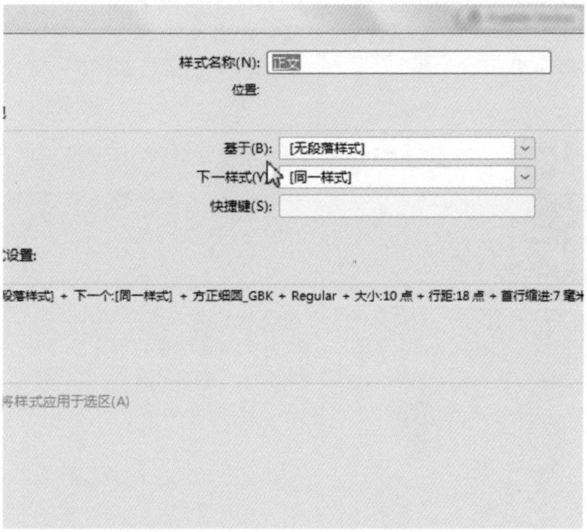

样式名称(N): 正文
位置:
基于(B): [无段落样式]
下一样式(Y): [同一样式]
快捷键(S):
设置:
段落样式] + 下一个:[同一样式] + 方正细圆_GBK + Regular + 大小:10 点 + 行距:18 点 + 首行缩进:7 毫米
将样式应用于选区(A)

图11-25

23 使用文字工具将光标插入到当前页面其他正文中，应用“正文”段落样式，效果如图11-26所示。

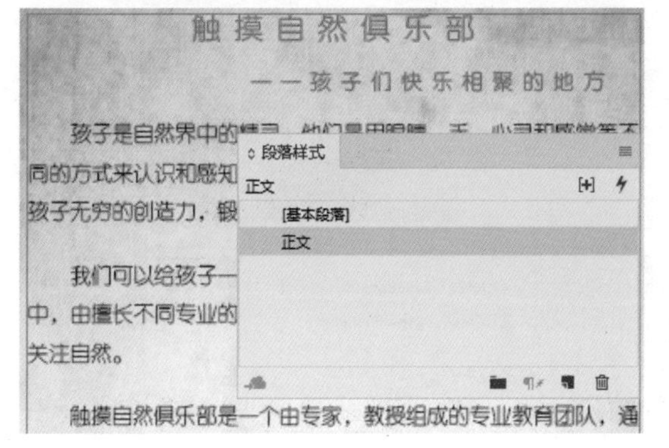

图11-26

24 为电话等联系方式的文字设置不同的字号和字体以示和正文的区别，如图11-27所示。

联系电话：
杨老师：18600000000　陈老师：13718888888
固定电话：010-88888888

图11-27

25 按【Ctrl】+【D】快捷键，置入图11-28所示的素材图片。

图11-28

26 选中图片，执行控制面板中“上下型绕排”命令，如图11-29所示。

图11-29

27 页面2和页面3制作完毕，效果如图11-30所示。

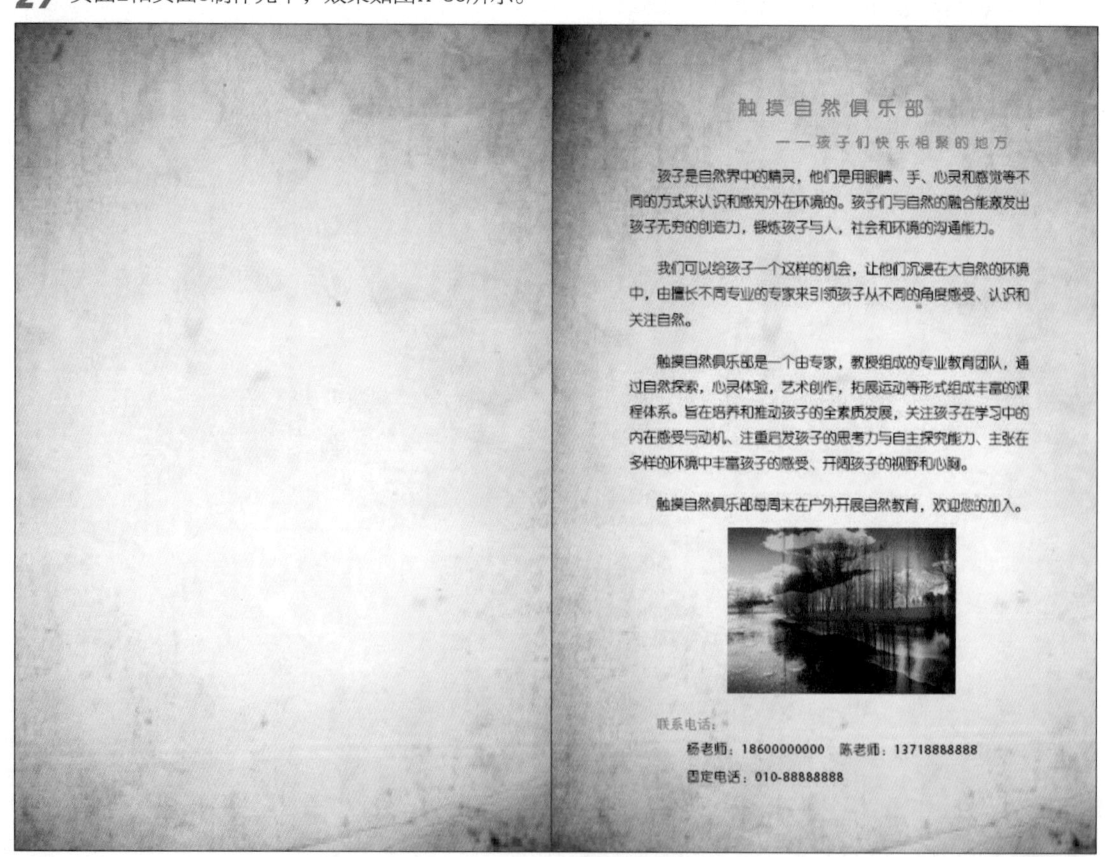

图11-30

28 进入页面4，选择“北京延庆野鸭湖湿地公园”设置其字体为方正准圆，字号为11点，段前距2毫米，段后距2毫米，对齐方式为中对齐，颜色为“色板”面板中的标题文字颜色，如图11-31所示。

北京延庆野鸭湖湿地公园

野鸭湖湿地位于北京市延庆县西北部的延庆镇、康庄镇、张山营镇和延庆农场交界处，具有水库、河流、沼泽、季节性泛滥地等多种湿地类型，是北京地区湿地面积最大的湿地生态系统，具有重要的生态功能效益和保护价值。2006年10月，国家林业局组织国家相关领域的专家，从湿地资源、旅游资源及服务管理等方面对野鸭湖进行了综合评价，一致认为野鸭湖已具备了建设国家湿地公园的基本条件。2006年11月28日，国家林业局批准开展北京野鸭湖国家湿地公园试点工作。公园规划分为湿地保育区、恢复重建区、宣教展示区、合理利用休闲区和管理服务区，园内丰富的动植物资源和独特的湿地景观，是人们了解湿地、回归自然的理想去处。

野鸭湖是官厅水库延庆辖区及环湖海拔479m以下淹没区及

图11-31

29 选中上一步骤设置好的文字，新建一个段落样式，样式名称为“大标题”，如图11-32所示。

样式名称(N): 大标题
位置:
基于(B): 副标题
下一样式(Y): [同一样式]
快捷键(S):
[同一样式] + 华文行楷 + 大小:23 点 + 行距:32.4 点 + 颜色: [未命名颜色]

图11-32

30 对其余页面的文字内容应用定义好的“大标题”和“正文”两种段落样式，快速设置文字的格式。同时，注意通过拖曳文本框下面控制点的位置对文字进行分页，如图11-33所示。

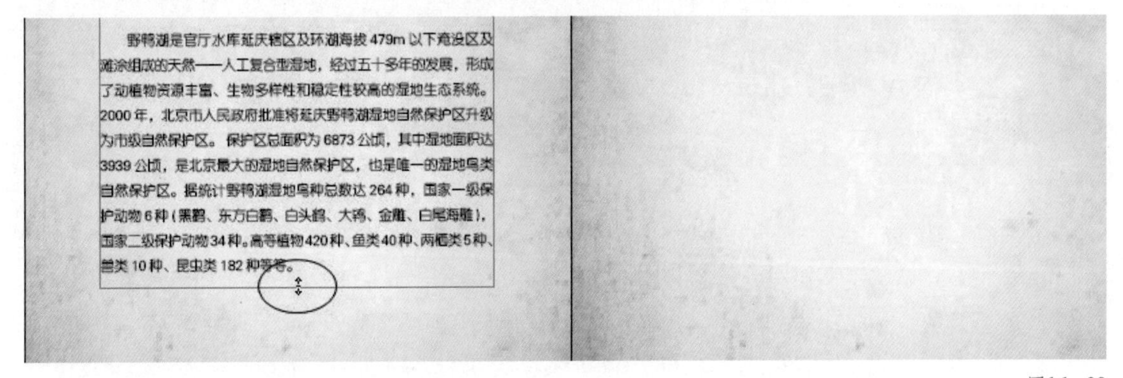
野鸭湖是官厅水库延庆辖区及环湖海拔479m以下淹没区及滩涂组成的天然——人工复合型湿地，经过五十多年的发展，形成了动植物资源丰富、生物多样性和稳定性较高的湿地生态系统。2000年，北京市人民政府批准将延庆野鸭湖湿地自然保护区升级为市级自然保护区。保护区总面积为6873公顷，其中湿地面积达3939公顷，是北京最大的湿地自然保护区，也是唯一的湿地鸟类自然保护区。据统计野鸭湖湿地鸟种总数达264种，国家一级保护动物6种（黑鹳、东方白鹳、白头鹤、大鸨、金雕、白尾海雕），国家二级保护动物34种。高等植物420种、鱼类40种、两栖类5种、兽类10种、昆虫类182种等等。

图11-33

31 在页面5导入图11-34所示的图片，并在图片下方输入图片的名字，设置其字体为方正准圆，字号为10点，行距为18点，段后距4毫米，对齐方式为中对齐。

图11-34

32 选中图片的名字，将其定义为“图说”段落样式以备用，如图11-35所示。

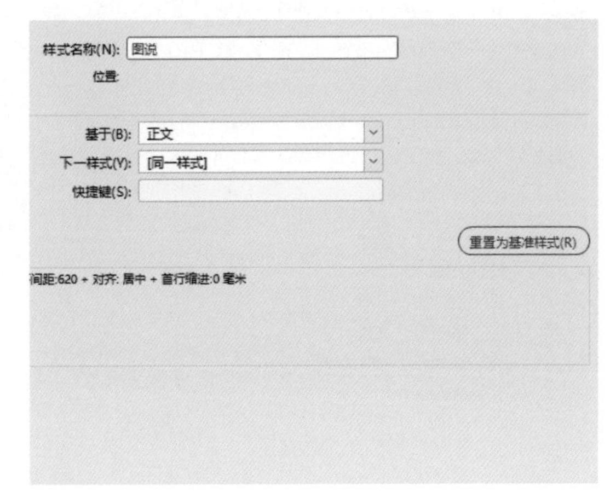

图11-35

33 页面4和页面5排版完成，效果如图11-36所示。

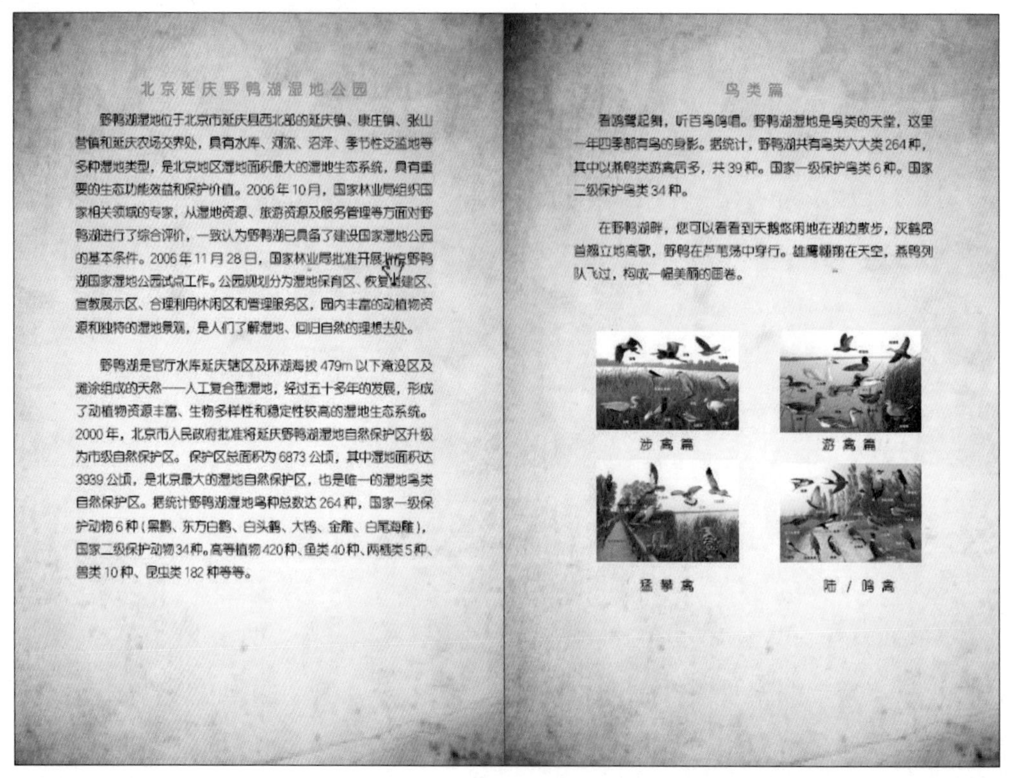

图11-36

34 排版页面6和页面7。选择页面6中的“挺水植物”4个字，设置其字体为方正准圆，字号为11点，行距为18点，首行缩进为7毫米，段后距4毫米，颜色使用“色板”面板中的“标题文字”色板，并将其格式定义为“小标题”段落样式以备用，如图11-37所示。

挺水植物

挺水植物：植物体仅下部或基部沉于水中，上面绝大部分挺出水面，其地下茎或根通常有发达的通气组织的一类植物的统称。这类植物一般生于靠近岸边或较浅的水体中，如芦苇、莲、泽泻、香蒲等。它们除了具有观赏价值外，还有着药用价值和经济价值。香蒲的花晒干后可立即止血，蒲棒晒干燃烧可熏蚊子，香蒲的叶子可以编蒲包、蒲席、扇子等。莲的叶子、莲子均可入药。芦苇可以用

样式名称(N): 小标题
位置:
基于(B): 正文
下一样式(Y): [同一样式]
快捷键(S):

图11-37

35 将“小标题”样式应用于文字中其他的小标题，如图11-38所示。

植物篇

在异彩纷呈的植物王国，湿地植物因其生长在特殊的生态环境而凸现它特有的魅力。他们不仅是地球的过滤器和净化器，也是人类生活不可或缺的朋友。

挺水植物

挺水植物：植物体仅下部或基部沉于水中，上面绝大部分挺出水面，其地下茎或根通常有发达的通气组织的一类植物的统称。这类植物一般生于靠近岸边或较浅的水体中，如芦苇、莲、泽泻、香蒲等。它们除了具有观赏价值外，还有着药用价值和经济价值。香蒲的花晒干后可立即止血，蒲棒晒干燃烧可熏蚊子，香蒲的叶子可以编蒲包、蒲席、扇子等。莲的叶子、莲子均可入药。芦苇可以用来制作芦苇画等手工艺品。

芦苇 / 香蒲

浮水植物

浮水植物：植物体内多贮藏有较多的气体，使叶片或植物体能平稳地漂浮于水面，气孔也多生于叶片的上表面。浮水植物中有的是植物体完全漂浮水面，如浮萍、满江红、槐叶萍等；有的是根状茎埋生于水底泥中，而叶片漂浮水面，如睡莲；还有的是根生于水底泥中，茎细长，抽出水面，水面上茎的节间缩短，浮水叶密集于茎的顶端，叶柄具气囊，如菱等。

图11-38

36 导入当前页面的图片，并为它们设置“上下型绕排”模式，效果如图11-39所示。

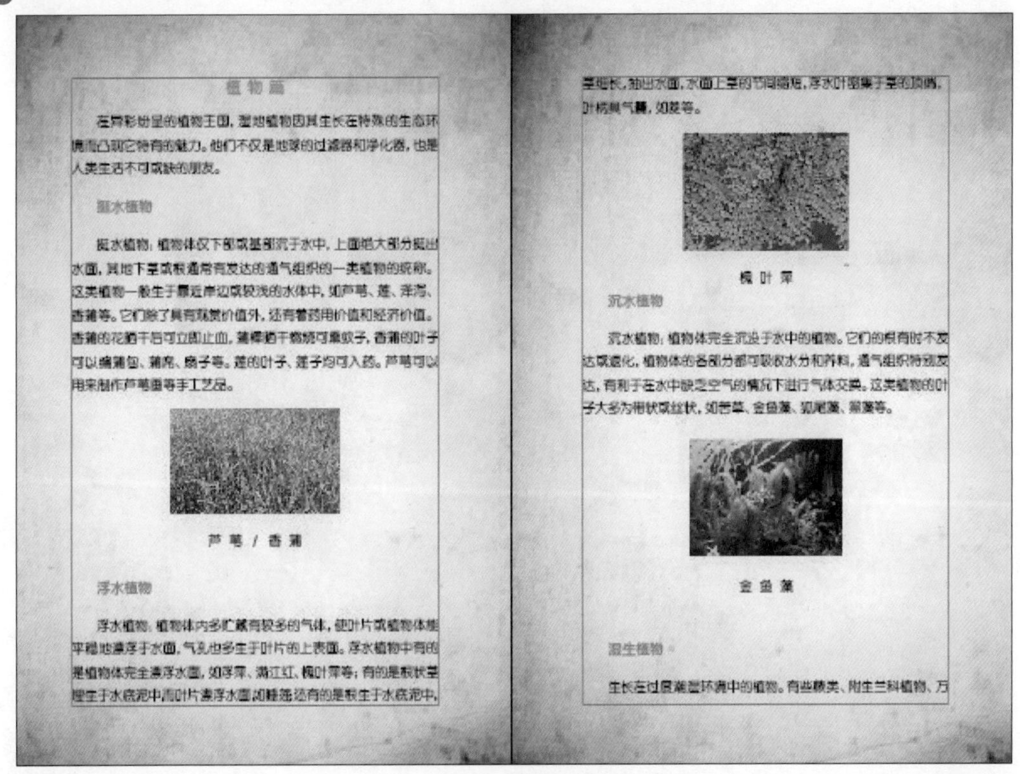
植物篇

在异彩纷呈的植物王国，湿地植物因其生长在特殊的生态环境而凸现它特有的魅力。他们不仅是地球的过滤器和净化器，也是人类生活不可或缺的朋友。

挺水植物

挺水植物：植物体仅下部或基部沉于水中，上面绝大部分挺出水面，其地下茎或根通常有发达的通气组织的一类植物的统称。这类植物一般生于靠近岸边或较浅的水体中，如芦苇、莲、泽泻、香蒲等。它们除了具有观赏价值外，还有着药用价值和经济价值。香蒲的花粉干后可立即止血，蒲棒晒干燃烧可熏蚊子，香蒲的叶子可以编蒲包、蒲席、扇子等。莲的叶子、莲子均可入药。芦苇可以用来制作芦苇画等手工艺品。

芦苇 / 香蒲

浮水植物

浮水植物：植物体内多贮藏有较多的气体，使叶片或植物体能平稳地漂浮于水面，气孔也多生于叶片的上表面。浮水植物中有的是植物体完全漂浮水面，如浮萍、满江红、槐叶萍等；有的是根状茎埋生于水底泥中而叶片漂浮水面，如睡莲；还有的是根生于水底泥中，茎细长，抽出水面，水面上茎的节间缩短，浮水叶密集于茎的顶端，叶柄具气囊，如菱等。

槐叶萍

沉水植物

沉水植物：植物体完全沉没于水中的植物。它们的根有时不发达或退化，植物体的各部分都可吸收水分和养料，通气组织特别发达，有利于在水中缺乏空气的情况下进行气体交换。这类植物的叶子大多为带状或丝状，如苦草、金鱼藻、狐尾藻、黑藻等。

金鱼藻

湿生植物

生长在过度潮湿环境中的植物。有些蕨类、附生兰科植物、万

图11-39

37 同理，排出其他几页，效果如图11-40、图11-41、图11-42所示。

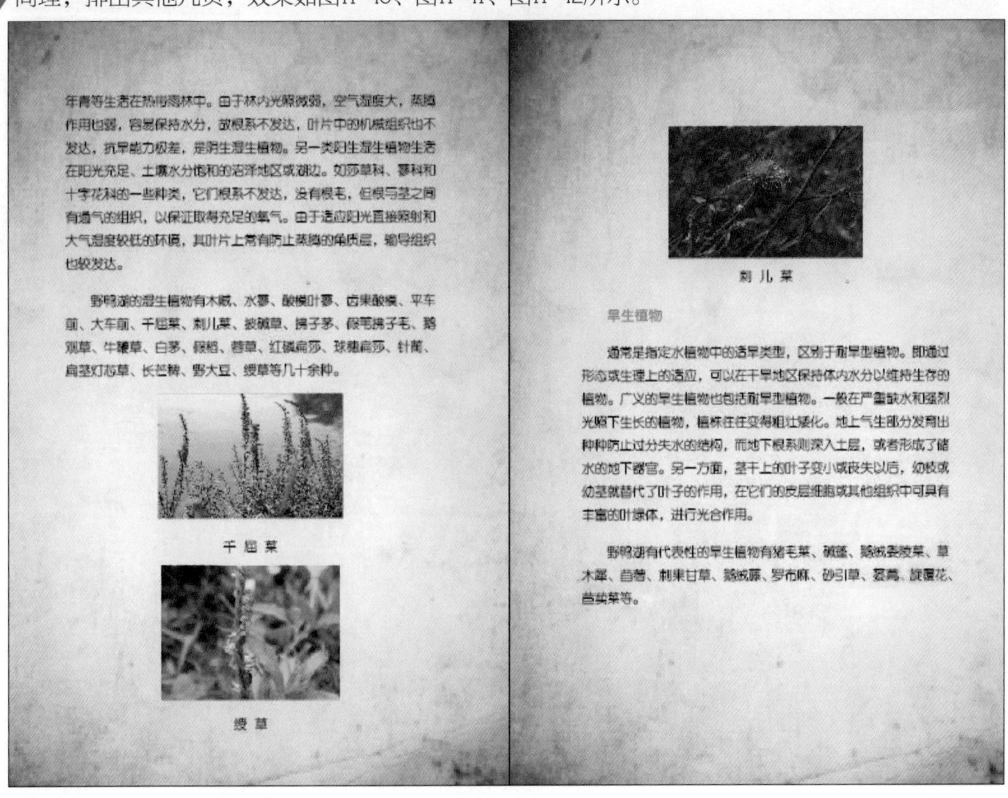
年青等生活在热带雨林中。由于林内光照微弱，空气湿度大，蒸腾作用也弱，容易保持水分，故根系不发达，叶片中的机械组织也不发达，抗旱能力极差，是阴生湿生植物。另一类阳生湿生植物生活在阳光充足、土壤水分饱和的沼泽地区或湖边。如莎草科、蓼科和十字花科的一些种类，它们根系不发达，没有根毛，但根与茎之间有通气的组织，以保证取得充足的氧气。由于适应阳光直接照射和大气湿度较低的环境，其叶片上常有防止蒸腾的角质层，输导组织也较发达。

野鸭湖的湿生植物有木贼、水蓼、酸模叶蓼、齿果酸模、平车前、大车前、千屈菜、刺儿菜、披碱草、拂子茅、假苇拂子毛、鹅观草、牛鞭草、白茅、假稻、萱草、红鳞扁莎、球穗扁莎、针蔺、扁茎灯芯草、长芒稗、野大豆、绶草等几十余种。

千屈菜

绶草

刺儿菜

旱生植物

通常是指定水植物中的适旱类型，区别于耐旱型植物。即通过形态或生理上的适应，可以在干旱地区保持体内水分以维持生存的植物。广义的旱生植物也包括耐旱型植物。一般在严重缺水和强烈光照下生长的植物，植株往往变得粗壮矮化。地上气生部分发育出种种防止过分失水的结构，而地下根系则深入土层，或者形成了储水的地下器官。另一方面，茎干上的叶子变小或丧失以后，幼枝或幼茎就替代了叶子的作用，在它们的皮层细胞或其他组织中可具有丰富的叶绿体，进行光合作用。

野鸭湖有代表性的旱生植物有猪毛菜、碱蓬、鹅绒萎陵菜、草木犀、苜蓿、刺果甘草、鹅绒藤、罗布麻、砂引草、蒺藜、旋覆花、苦荬菜等。

图11-40

苣 荬 菜
为菊科植物，又名败酱草北方地区、小蓟黑龙江、苦苣菜、取麻菜、曲曲芽山东。
旋 覆 花
为植物旋覆花和中药旋覆花的通称。植物旋覆花为菊科多年生草本，中药旋覆花为菊科植物旋覆花或同科植物欧亚旋覆花的头状花序。
草木犀
草木犀——一年生或二年生草本。一种优良的绿肥作物和牧草。

图11-41

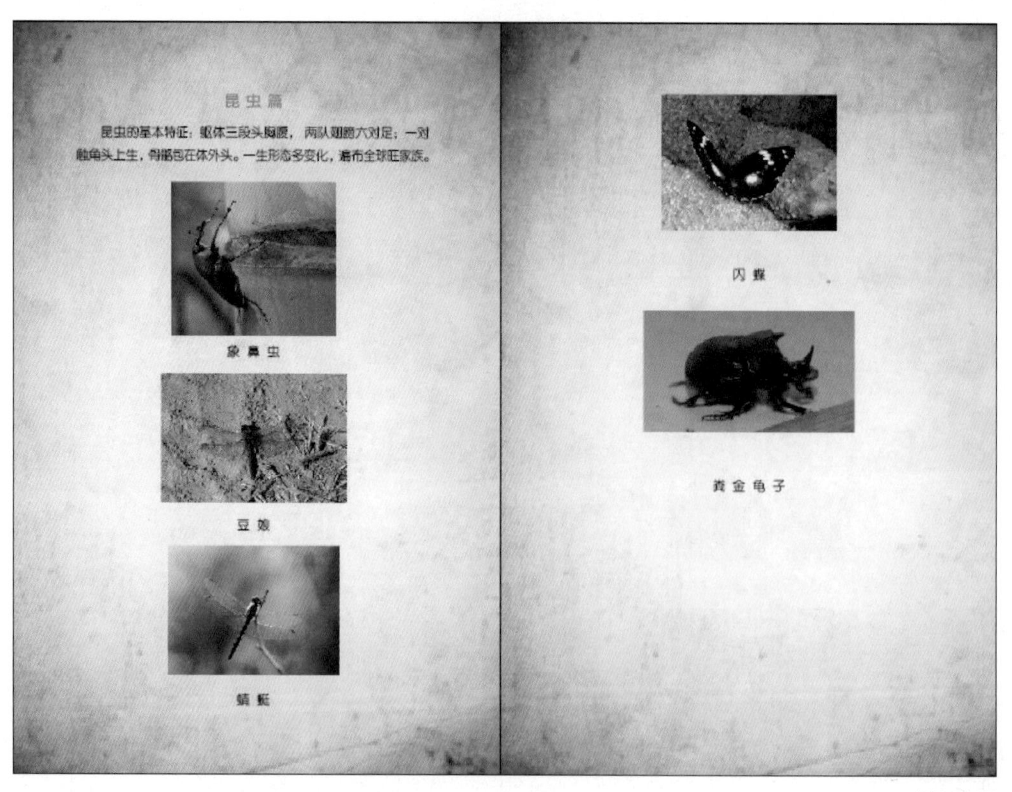
昆 虫 篇
昆虫的基本特征：躯体三段头胸腹，两队翅膀六对足；一对触角头上生，骨骼包在体外头。一生形态多变化，遍布全球旺家族。
象 鼻 虫
豆 娘
蜻 蜓
闪 蝶
犀 金 龟 子

图11-42

38 剩下的页面主要是制作表格，选中页面上的文字（从“科学调研小报告”到“结束语”之前），执行“表→将文本转换为表”命令，即可将它们转换为表格（这些文字在Word文件中就是表格中的文字），如图11-43所示。

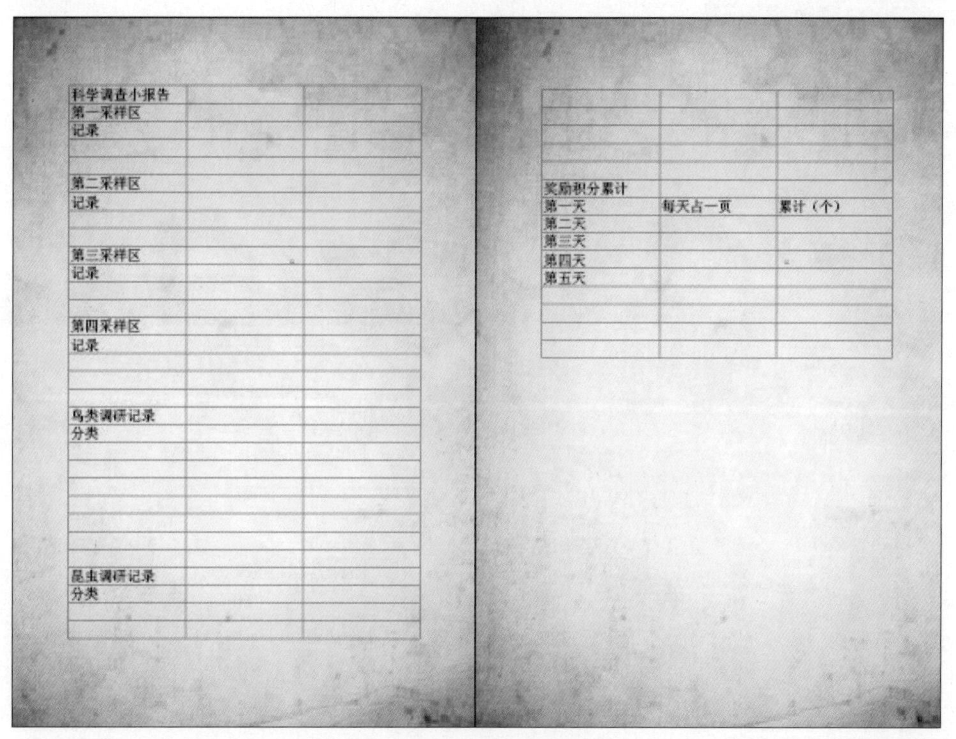

图11-43

39 选中整个表格，在控制面板中设置其行高为“精确”，数值为10毫米，如图11-44所示。

图11-44

40 选中第一行的两列表格，执行右键菜单中的“合并单元格”命令，如图11-45所示。

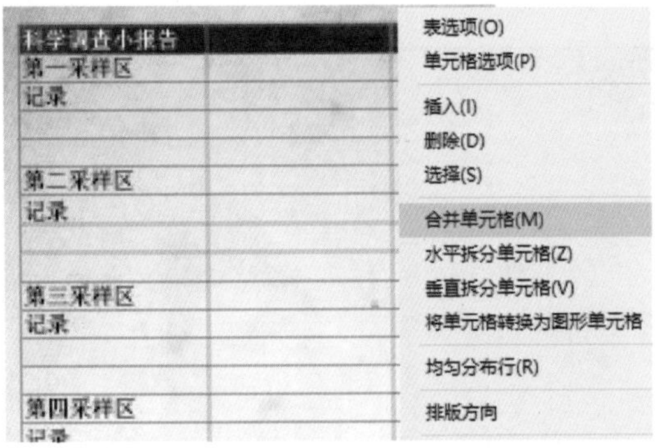

图11-45

42 选中图11-47所示的多行表格，将其进行合并。

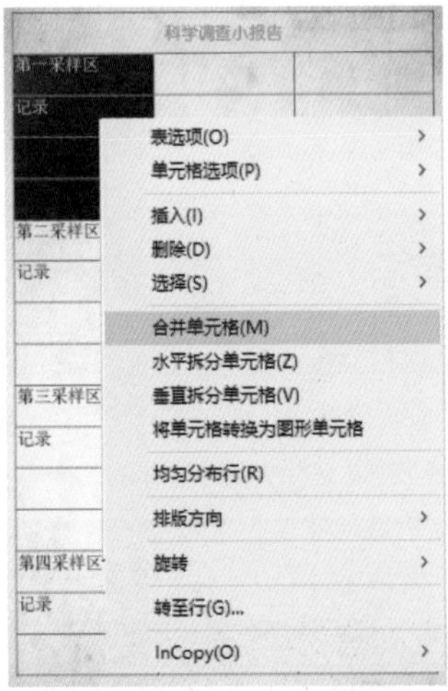

图11-47

44 设置其表格对齐方式为居中对齐，并合并表格，如图11-49所示。

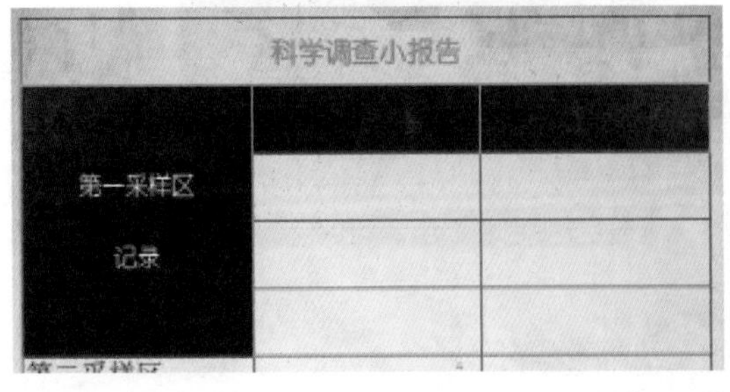

图11-49

41 选中文字“科学调查小报告”，设置其字体为方正准圆，字号为11点，段前距2毫米，段后距2毫米，对齐方式为居中对齐，颜色为“色板”面板中的“标题文字”颜色。将鼠标指针放在整个表格的左侧，单击选中整行表格，在控制面板中，设置其对齐方式为居中对齐，然后如图11-46所示。

图11-46

43 设置其中的文字格式，并将其定义为“表格文字”段落样式，如图11-48所示。

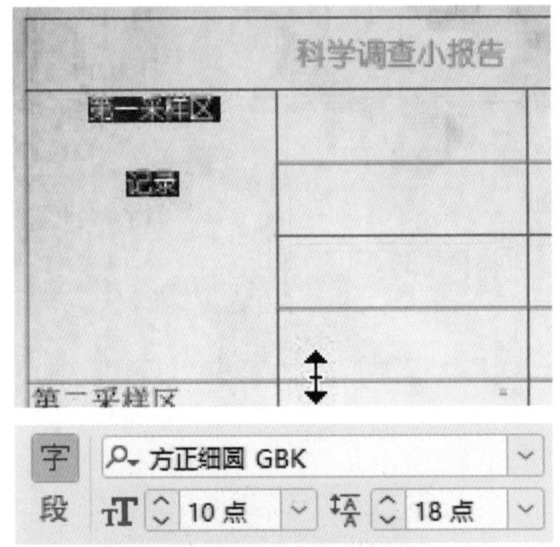

图11-48

45 合并图11-50所示的表格。

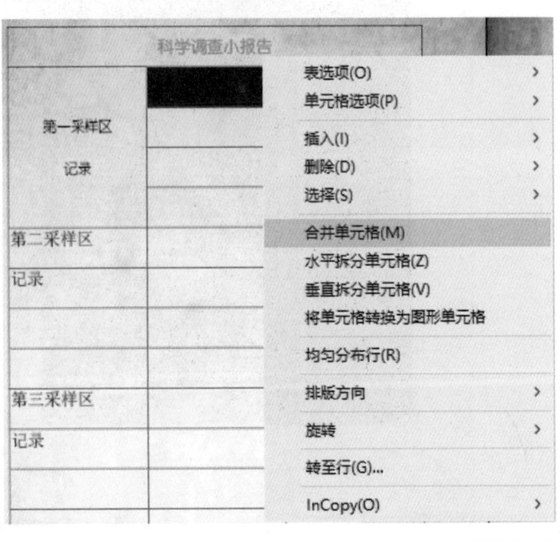

图11-50

46 同理，排出其余表格，如图11-51所示。

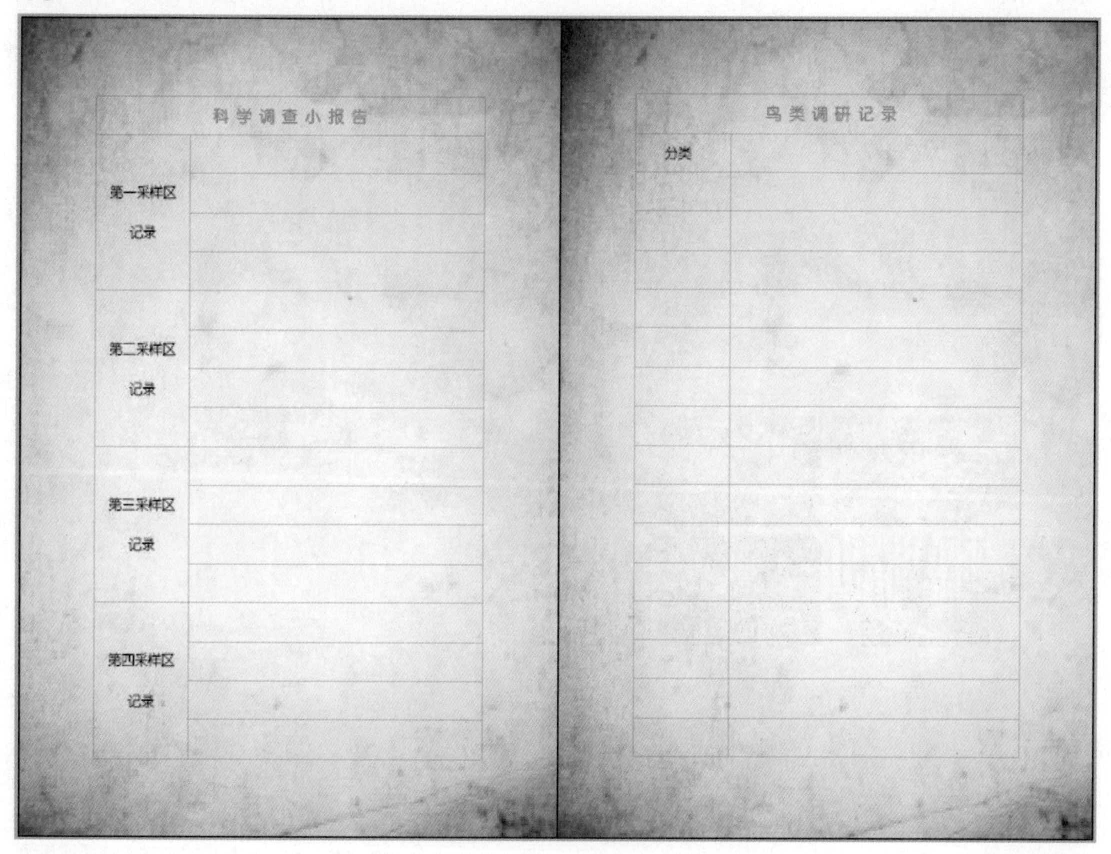

图11-51

47 在排表格的过程中，如果需要添加表格，可将鼠标指针插入到表格中，按【Ctrl】+【9】快捷键，打开图11-52所示的“插入行”对话框。

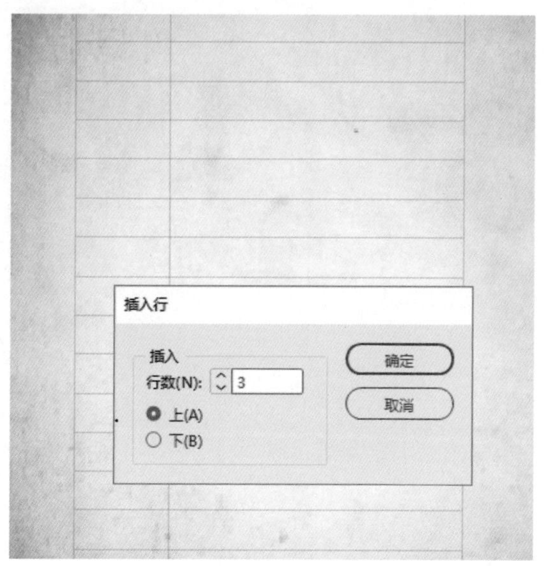

图11-52

48 选中一行或一列表格，按【Ctrl】+【Backspace】快捷键，可删除行或列，如图11-53所示。

图11-53

49 完成封三和封底的设计，效果如图11-54所示。

图11-54